中等职业学校计算机系列教材

zhongdeng zhiye xuexiao jisuanji xilie jiaocai

Dreamweaver 8 中文版
网页制作

（第2版）

◎ 王君学 于波 主编
◎ 孟爱丽 刘斌 副主编

U0730207

人民邮电出版社

北京

图书在版编目（CIP）数据

Dreamweaver 8中文版网页制作 / 王君学，于波主编
. -- 2版. -- 北京：人民邮电出版社，2011.10（2022.6重印）
中等职业学校计算机系列教材
ISBN 978-7-115-25132-9

Ⅰ．①D… Ⅱ．①王… ②于… Ⅲ．①网页制作工具，
Dreamweaver 8－中等专业学校－教材 Ⅳ.
①TP393.092

中国版本图书馆CIP数据核字(2011)第094225号

内 容 提 要

本教材采用案例教学法，由14章构成，主要内容包括网页制作基础知识，在网页中插入文本、图像、媒体、超级链接、表单等网页元素及其属性设置的方法，运用表格、框架、CSS 和 Div 标签布局网页的方法，使用库和模板制作网页的方法，使用层和时间轴来创建网页动画的方法，使用行为完善网页功能的方法，在可视化环境下创建动态网页以及测试和发布站点的方法。

本书适合作为中等职业学校"网页设计与制作"课程的教材，也可以作为网页设计爱好者的入门读物。

中等职业学校计算机系列教材
Dreamweaver 8 中文版网页制作（第 2 版）

◆ 主　　编　王君学　于　波

　　副主编　孟爱丽　刘　斌

　　责任编辑　王亚娜

◆ 人民邮电出版社出版发行　　北京市丰台区成寿寺路 11 号
　邮编　100164　　电子邮件　315@ptpress.com.cn
　网址　http://www.ptpress.com.cn
　固安县铭成印刷有限公司印刷

◆ 开本：787×1092　1/16
　印张：12.25　　　　　　　　2011 年 10 月第 2 版
　字数：301 千字　　　　　　2022 年 6 月河北第 12 次印刷

ISBN 978-7-115-25132-9

定价：24.00 元

读者服务热线：(010)81055256　印装质量热线：(010)81055316
反盗版热线：(010)81055315
广告经营许可证：京东市监广登字20170147号

中等职业学校计算机系列教材编委会

序

　　中等职业教育是我国职业教育的重要组成部分，中等职业教育的培养目标定位于具有综合职业能力，在生产、服务、技术和管理第一线工作的高素质的劳动者。

　　随着我国职业教育的发展，教育教学改革的不断深入，由国家教育部组织的中等职业教育新一轮教育教学改革已经开始。根据教育部颁布的《教育部关于进一步深化中等职业教育教学改革的若干意见》的文件精神，坚持以就业为导向、以学生为本的原则，针对中等职业学校计算机教学思路与方法的不断改革和创新，人民邮电出版社精心策划了《中等职业学校计算机系列教材》。

　　本套教材注重中职学校的授课情况及学生的认知特点，在内容上加大了与实际应用相结合案例的编写比例，突出基础知识、基本技能。为了满足不同学校的教学要求，本套教材中的3个系列，分别采用3种教学形式编写。

- 《中等职业学校计算机系列教材——项目教学》：采用项目任务的教学形式，目的是提高学生的学习兴趣，使学生在积极主动地解决问题的过程中掌握就业岗位技能。
- 《中等职业学校计算机系列教材——精品系列》：采用典型案例的教学形式，力求在理论知识"够用为度"的基础上，使学生学到实用的基础知识和技能。
- 《中等职业学校计算机系列教材——机房上课版》：采用机房上课的教学形式，内容体现在机房上课的教学组织特点，学生在边学边练中掌握实际技能。

　　在教材使用中有什么意见或建议，均可直接与我们联系，电子邮件地址是wangyana@ptpress.com.cn，wangping@ptpress.com.cn。

中等职业学校计算机系列教材编委会

2011 年 3 月

前 言

随着计算机技术的发展，中等职业学校的"网页设计与制作"教学存在的主要问题是传统的理论教学内容过多，结合案例的内容偏少。本教材基于 Dreamweaver 8 中文版，在组织课堂教学内容时，精心设计了能够贯穿全章内容的案例，切实增强了实践力度，让学生在实际操作中循序渐进地了解和掌握网页制作的流程和方法。

本教材根据教育部颁布的《教育部关于进一步深化中等职业教育教学改革的若干意见》的文件精神，以《全国计算机信息高新技术考试技能培训和鉴定标准》中的"职业资格技能等级三级"（高级网络操作员）的知识点为标准，针对中等职业学校的教学需要而编写。通过本教材的学习，学生可以掌握网页设计与制作的基本方法和应用技巧，并能顺利通过相关的职业技能考核。

本教材采用案例教学法，通过大量精心编排的案例由浅入深、循序渐进地介绍网页制作的基本知识，章末还安排了习题，以帮助学生在课后及时巩固所学内容。

本课程的教学时数约为 72 课时，各章的参考教学课时见以下的课时分配表，教师可根据实际需要进行调整。

章　节	课 程 内 容	课 时 分 配	
		讲授	实践训练
第 1 章	Dreamweaver 基础知识	2	1
第 2 章	创建站点	2	2
第 3 章	编排简单网页	2	2
第 4 章	使用图像和媒体	2	2
第 5 章	创建超级链接	2	2
第 6 章	使用表格	4	4
第 7 章	使用框架	2	2
第 8 章	使用库和模板	2	3
第 9 章	使用 CSS 和 Div 标签	4	4
第 10 章	使用层和时间轴	2	2
第 11 章	使用行为	2	2
第 12 章	创建表单网页	2	2
第 13 章	创建动态网页	6	6
第 14 章	测试和发布站点	2	2
课 时 总 计		36	36

本书由王君学主编，参加本书编写工作的还有沈精虎、黄业清、宋一兵、谭雪松、向先波、冯辉、计晓明、滕玲、董彩霞。

由于作者水平有限，书中难免存在疏漏之处，敬请各位读者指正。

编　者
2011 年 3 月

目　录

目录

第1章 Dreamweaver 基础知识

在现代信息社会，绝大多数的人在通过浏览网页的形式使用着因特网。经常上网的人如果能够多了解一些因特网的基本知识以及制作网页的简单方法，对充分挖掘因特网的作用无疑具有重要的现实意义。本章将介绍关于因特网的基础知识以及网页制作软件Dreamweaver 8 的基本界面。

学习目标

- 掌握与因特网有关的基本概念。
- 掌握静态网页和动态网页的区别与联系。
- 掌握个人网站和企业网站建设的基本流程。
- 掌握 HTML 的基本知识和 Dreamweaver 8 的界面。

1.1 基本概念和网页元素

下面介绍关于因特网的一些基本概念和网页的组成元素。

1.1.1 基本概念

首先介绍关于因特网的一些基本概念。

1. Internet

Internet，中文名为因特网，又称国际互联网，是由世界各地的计算机通过特殊介质连接而成的全球网络，如图 1-1 所示，在网络中的计算机通过协议可以相互通信。Internet 起源于美国的五角大楼，它的前身是美国国防部高级研究计划局（ARPA）主持研制的ARPAnet。目前 Internet 提供的主要服务有 WWW（万维网）、FTP（文件传输）、E-mail（电子邮件）等。

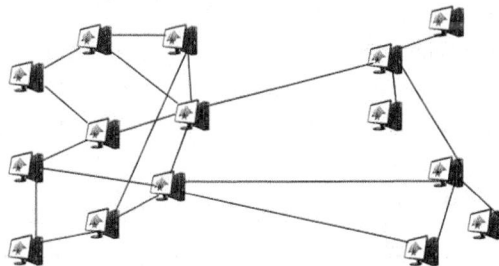

图1-1 Internet 示意图

2. WWW

WWW（World Wide Web，万维网，也可以简称为 Web、3W）是以 Internet 为基础的计

算机网络，它允许用户在一台计算机上通过 Internet 存取另一台计算机上的信息。从技术角度上说，万维网是 Internet 上那些支持 WWW 协议和超文本传输协议（HTTP）的客户机与服务器的集合，透过它可以存取世界各地的超媒体文件，内容包括文字、图形、声音、动画、资料库以及各式各样的软件。从理论上说来，万维网包括整个两亿人以上的 Internet 世界，它包含所有的 Web 站点、Gopher 信息站、FTP 档案库、Telnet 公共存取账号、News 新闻讨论区以及 Wais 资料库。可以说 WWW 是当今全世界最大的电子资料世界，已经可以把 WWW 当成是 Internet 的同义词了，不过 WWW 实际上是靠着 Internet 运行的一项服务。WWW 的内核部分是由 3 个标准构成的：HTTP、URL、HTML。

3. HTTP

HTTP（HyperText Transfer Protocol，超文本传输协议）负责规定浏览器和服务器之间如何互相交流，这就是浏览器中的网页地址很多是以"http://"开头的原因，有时也会看到以"https"开头的。HTTPS（Secure HyperText Transfer Protocol，安全超文本传输协议）是一个安全通信通道，基于 HTTP 开发，用于在客户计算机和服务器之间交换信息，可以说它是 HTTP 的安全版。HTTPS 和 HTTP 的区别是：HTTPS 需要到 CA（Certificate Authority，数字证书认证中心，是指发放、管理、废除数字证书的机构）申请证书，一般免费证书很少，需要交费；HTTP 是超文本传输协议，信息明文传输，HTTPS 则是具有安全性的 SSL（最初是由 Netscape 公司提出的安全保密协议）加密传输协议；HTTP 和 HTTPS 使用的是完全不同的连接方式，用的端口也不一样，前者是 80，后者是 443；HTTP 的连接很简单，是无状态的，HTTPS 是由 SSL+HTTP 构建的可进行加密传输、身份认证的网络协议，要比 HTTP 安全。但相关测试数据表明，使用 HTTPS 传输数据的工作效率只有使用 HTTP 传输的 1/10。如果为了安全保密，将一个网站所有的 Web 应用都启用 SSL 技术加密，并使用 HTTPS 进行传输，那么该网站的性能和效率将会大大降低，而且没有这个必要，因为一般来说并不是所有数据都要求那么高的安全保密级别，所以只需对那些涉及机密数据的交互处理使用 HTTPS，不需要用 HTTPS 的地方就尽量不要用。

4. URL

URL（Uniform Resource Locator，统一资源定位器）是一个世界通用的负责给万维网中诸如网页这样的资源定位的系统。Internet 上的每一个网页都具有一个唯一的 URL 地址，这种地址可以是本地磁盘，也可以是局域网上的某一台计算机，更多的是 Internet 上的站点。简单地说，URL 就是 Web 地址，俗称网址。当使用浏览器访问网站的时候，都要在浏览器的地址栏中输入网站的网址，如"http://www.163.com/"。URL 由 3 部分组成：协议类型、主机名、路径和文件名。URL 的一般格式为（带方括号[]的为可选项）：

```
protocol://hostname[:port]/path/[;parameters][?query]#fragment
```

- protocol（协议）：指定使用的传输协议，最常用的是 HTTP，它也是目前 WWW 中应用最广的协议。
- hostname（主机名）：是指存放资源的服务器的域名系统（DNS）主机名或 IP 地址。有时，在主机名前也可以包含连接到服务器所需的用户名和密码（格式：username:password）。
- port（端口号）：整数，可选，省略时使用方案的默认端口。各种传输协议都有自己默认的端口号，如 HTTP 的默认端口为 80。有时出于安全或其他考虑，可以在服务器上对端口进行重定义，即采用非标准端口号，此时，URL 中就不能省略端口号了。

- path（路径）：由 "/" 符号隔开的字符串，一般用来表示主机上的一个目录或文件地址，如果文件直接在站点的根目录下且是站点默认的主页文件，中间就不需要 "/" 了，例如 "http://www.188.com"，但位于站点文件夹下的其他文件还是需要 "/" 的，例如 "http://www.188.com/china/story/indexp72.html" 中的 "china/story/indexp72.html"。
- parameters（参数）：这是用于指定特殊参数的可选项，其前面使用分号隔开。
- query（查询）：可选，其前面使用问号隔开，用于给动态网页传递参数，可有多个参数，参数之间用 "&" 符号隔开，每个参数的名称和值用 "=" 符号隔开，例如 "http:// www. 188.com /tongzhi.asp?ID=113&newstype=2"。
- fragment：用于指定网络资源文档中的某个片断，例如 "http://www.188.com/history.html#2"，在浏览器中输入该地址回车后将直接定位到文档 "history.html" 中标记为 "2" 的位置处。

5. HTML

HTML（HyperText Markup Language，超文本标记语言）是一种用来制作网络中超级文本文档的简单置标语言。严格来说，HTML 并不是一种编程语言，只是一些能让浏览器看懂的标记。当用户浏览 WWW 上包含 HTML 标签的网页时，浏览器会 "翻译" 由这些 HTML 标签提供的网页结构、外观和内容的信息，并按照一定的格式在屏幕上显示出来。另外，XHTML（eXtensible HyperText Markup Language，可扩展超文本置标语言）也是一种置标语言，表现方式与 HTML 类似。从继承关系上看，HTML 是一种基于标准通用置标语言（SGML）的应用，是一种非常灵活的置标语言，而 XHTML 则基于可扩展置标语言（XML，SGML 的一个子集）。XHTML 1.0 在 2000 年 1 月 26 日成为 W3C 的推荐标准。XHTML 在语法上要求更加严格，最明显的就是所有的标记都必须有一个相应的结束标记，如果是单独不成对的标签，在标签最后加一个 "/" 来关闭它，例如，HTML 中的换行符
，在 XHTML 中应该写为
。

6. CSS

CSS（Cascading Style Sheet，层叠样式表或级联样式表）是一组格式设置规则，用于控制 Web 页面的外观。通过使用 CSS 样式设置页面的格式，可将页面的内容与表现形式分离。页面内容存放在 HTML 文档中，而用于定义表现形式的 CSS 规则存放在另一个独立的样式表文件中或 HTML 文档的某一部分，通常为文件头部分，如图 1-2 所示。将内容与表现形式分离，不仅可使维护站点的外观更加容易，而且还可以使 HTML 文档代码更加简练，缩短浏览器的加载时间。

图1-2　HTML 和 CSS

7. E-mail

E-mail 是 Internet 上使用最广泛的一种电子邮件服务。邮件服务器使用的协议有简单邮件转输协议（SMTP）、电子邮件扩充（MIME）协议和邮局协议（POP）。POP 服务需由一个邮件服务器来提供，用户必须在该邮件服务器上取得账号才可能使用这种服务。目前使用得较普遍的 POP 为第 3 版，故又称为 POP3。收发电子邮件必须有相应的客户端软件支持，常用的收发电子邮件的软件有 Foxmail、Exchange、Outlook Express 等。不过现在许多电子邮件可以通过 Internet Explorer 等浏览器直接在线收发，比使用客户端软件更方便。

8. FTP

FTP（File Transfer Protocol，文件传输协议）是 Internet 上文件传输的基础，通常所说的 FTP 是基于该协议的一种服务。FTP 文件传输服务允许 Internet 上的用户在客户端计算机与 FTP 服务器之间进行文件传输。在传输文件时，通常可以使用 FTP 客户端软件，也可以使用浏览器，不过还是使用 FTP 客户端软件比较方便。

9. TCP/IP

TCP/IP（Transmission Control Protocol/Internet Protocol，传输控制协议/因特网互联协议，又叫网络通信协议）是 Internet 最基本的协议，也是 Internet 的基础。简单地说，网络通信协议就是由网络层的 IP 和传输层的 TCP 组成的，如图 1-3 所示。IP 是 TCP/IP 的心脏，也是网络层中最重要的协议。

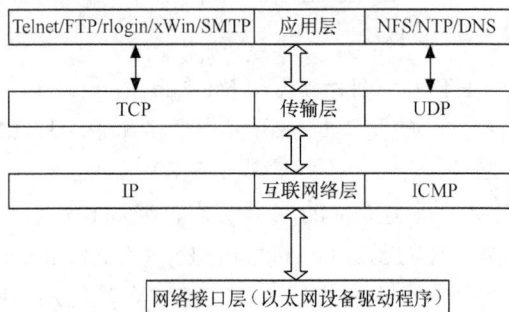

图1-3 TCP/IP 结构图

10. 域名

域名（Domain Name）是企业、政府、非政府组织等机构或者个人在域名注册商处注册的用于标识 Internet 上某一台计算机或计算机组的名称，是互联网上企业或机构间相互联络的网络地址，目前域名已经成为互联网的品牌、网上商标保护必备的产品之一。DNS（Domain Name System，域名系统）规定，域名中的标号都由英文字母和数字组成，每一个标号不超过 63 个字符，也不区分大小写字母，标号中除连字符（-）外不能使用其他的标点符号。由多个标号组成的完整域名总共不超过 255 个字符。级别最低的域名写在最左边，而级别最高的域名写在最右边。域名可以分为不同的级别，包括顶级域名和二级域名等。顶级域名又分为两类：国际顶级域名（如".com"表示商业组织、".net"表示网络服务商、".org"表示非营利组织等）和国家顶级域名（如".cn"代表中国、".uk"代表英国、".jp"代表日本等）。二级域名是指在顶级域名之下的域名，在国际顶级域名下的二级域名通常是指域名注册人的网上名称（如"sohu.com"），在国家顶级域名下的二级域名通常是指注册企业的类别符号（如".com.cn"、".edu.cn"、".gov.cn"等）。近年来，一些国家也纷纷开发使用采用本民族语言构成的域名，我国也开始使用中文域名。

11. W3C

W3C（World Wide Web Consortium，万维网联盟）又称 W3C 理事会，1994 年 10 月在拥有"世界理工大学之最"称号的美国麻省理工学院计算机科学实验室成立，建立者是万维网的发明者蒂姆·伯纳斯·李（Tim Berners-Lee）。W3C 是对网络标准制定的一个非赢利组织，像 HTML、XHTML、CSS、XML 的标准就是由 W3C 来制定的。W3C 会员包括生产技术产品及服务的厂商、内容供应商、团体用户、研究实验室、标准制定机构和政府部门，组织成员一起协同工作，致力在万维网发展方向上达成共识。

12. 网上冲浪

网上冲浪，即在 Internet 上获取各种信息，进行工作和娱乐等。在英文中，上网是"surfing the Internet"，因"surfing"的意思是冲浪，所以上网又被形象地称为网上冲浪。网上冲浪的主要工具是浏览器，在浏览器的地址栏中输入 URL 地址，在 Web 页面上可以移动鼠标到不同的地方进行浏览，这就是所谓的网上冲浪。这个概念被大众广泛接受，是由于一个作家简·阿莫尔·泡利（Jean Armour Polly）写的一部作品《网上冲浪》，该作品于 1992 年 6 月由威尔逊出版社出版。

13. 虚拟主机

虚拟主机（Virtual Host / Virtual Server）是使用特殊的软硬件技术，把一台计算机主机分成一台台"虚拟"的主机，每一台虚拟主机都具有独立的域名和 IP 地址（或共享的 IP 地址），具有完整的 Internet 服务器功能。在同一台计算机、同一个操作系统上，运行着为多个用户打开的不同的服务器程序，互不干扰，而各个用户拥有自己的一部分系统资源（IP 地址、文件存储空间、内存、CPU 时间等）。

14. 物联网

物联网是新一代信息技术的重要组成部分，英文名为"The Internet of things"。实际上，物联网就是"物物相连的互联网"，其有两层意思：第一，物联网的核心和基础仍然是互联网，是在互联网基础上延伸和扩展的网络；第二，其用户端延伸和扩展到了任何物体与物体之间，进行信息交换和通信。因此，物联网就是通过射频识别（RFID）、红外感应器、全球定位系统、激光扫描器等信息传感设备，按约定的协议，把任何物体与互联网相连接，进行信息交换和通信，以实现对物体的智能化识别、定位、跟踪、监控和管理的一种网络，如图 1-4 所示。

图1-4　物联网

1.1.2　网页元素

网站是由网页组成的，网站的起始页通常称为首页或主页，无论是主页还是普通网页，它们都是由许多具体的网页元素组成的。从网页内容和传递信息的角度看，网页元素主要是指文本、图像、动画、音频和视频等，其中，文本和图像是构成网页的最基本的元素，如图 1-5 所示。

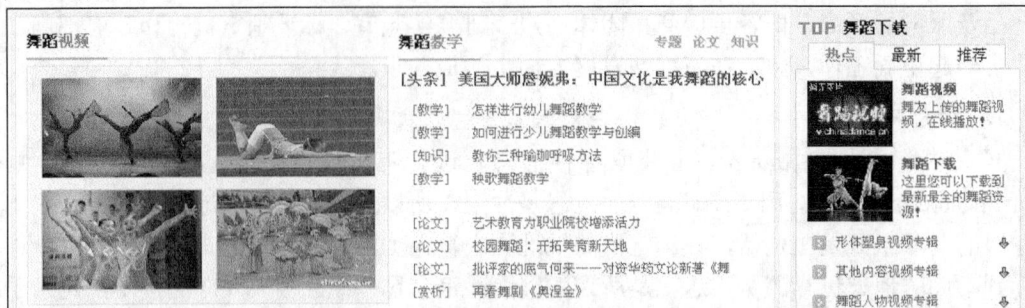

图1-5　文本和图像

文本是网页中的信息主体，能准确地表达信息的内容和含义。图像具有强大的视觉吸引力，在网页中起着非常重要的作用，目前常用的图像格式主要有 GIF 和 JPEG 等。动画比图像更容易吸引浏览者的注意力，常用的动画格式主要有 SWF 和 GIF。音频是多媒体网页的重要组成部分，常用的音频格式有 MIDI、WAV 和 MP3 等。视频在互联网上的使用也比较多，用作视频交流或直播，许多电影网站更是如此，常用的视频格式有 RM、WMV、MPEG 和 AVI 等。

在进行网页制作时，文本的安排要符合排版要求，图像、动画、音频和视频的设置要符合网络传输及内容的需要。在网页制作中，并不是图像、动画、音频和视频越多越好，要根据具体需要而定。

1.2　网页分类和网页制作工具

下面介绍网页的分类以及制作网页的常用工具软件。

1.2.1　网页分类

在网站设计中，纯 HTML 格式的网页通常被称为静态网页。静态网页是相对于动态网页而言的，是指没有后台数据库、不含程序和不可交互的网页。在静态网页上，也可以出现各种动态的效果，如 Gif 动画、Flash 动画、滚动字母等，这些动态效果只是视觉上的，与动态网页是不同的概念。静态网页通常以".htm"、".html"、".shtml"、".xml"等为文件扩展名，而动态网页通常以".aspx"、".asp"、".jsp"、".php"、".perl"、".cgi"等为文件扩展名，并且在网址中经常有一个标志性的符号"?"。

从使用语言的角度看，静态网页主要使用 HTML（超文本标记语言），动态网页主要使用 HTML＋ASP、HTML＋PHP 或 HTML＋JSP 等。动态网页的一般特点是：动态网页以数据库技术为基础，可以大大减少网站维护的工作量；采用动态网页技术的网站可以实现更多的功能，如用户注册、用户登录、在线调查、用户管理、订单管理等；动态网页实际上并不是独立存在于服务器上的网页文件，只有当用户请求时服务器才返回一个完整的网页。

1.2.2　网页制作工具

按工作方式不同，通常可以将网页制作软件分为两类，一类是所见即所得式的网页编辑软件，如 Dreamweaver、FrontPage 等；另一类是直接编写 HTML 源代码的软件，如 Hotdog、Editplus 等，也可以直接使用所熟悉的文字编辑器来编写源代码，如记事本、写字板等，但要保存成网页格式的文件。这两类软件在功能上各有千秋，也都有各自所适用的范围。不过，Dreamweaver 因其功能全面、操作简单灵活，特别是能够可视化创建带有后台数据库的应用程序，因而受到网页制作人员的青睐，并成为网页制作软件领域中的佼佼者。

由于网页元素的多样化，要想制作出精致美观、丰富生动的网页，单纯依靠一种软件是不行的，往往需要多种软件的互相配合，如网页制作软件 Dreamweaver，图像处理软件 Fireworks 或 Photoshop，动画创作软件 Flash 等，作为一般网页制作人员，掌握这 3 种类型的软件，就可以制作出精美的网页。

1.3　网站建设流程和相关法规

下面介绍网站建设的基本流程和必须遵守的相关法规。

1.3.1　网站建设流程

无论是个人建站还是企业建站，了解网站建设的基本流程都是非常必要的。

1．个人网站建设流程

个人网站建设一般可以按照以下流程进行。

(1)　明确网站主题，进行资料收集。

个人建站，首先要明确建设一个什么主题的网站。个人网站不可能包罗万象，要根据自己的爱好确定一个网站主题，这样才能把网站做深做透。在确定了网站主题后，要根据这一主题收集相关资料，包括文字、图像、动画等。

(2)　描绘网站框架，并进行具体制作。

在明确了网站主题并收集了相关素材后，就可以先绘制网站的结构草图了。网站的结构包括两个方面，从纵向的角度看，主要包括网站的层次结构，即从主页面到子页面；从横向的角度看，主要是指主页面和子页面的栏目结构、内容布局。最后，可以根据描绘的网站框架图，利用网页制作软件制作具体的页面。一个简单的网站，通常只包括静态页面，如果稍微复杂一点的网站，可能就包括后台数据库和脚本编程了。对于个人站点而言，后台数据库可以使用 Access 数据库，借助网页制作软件可以创建 ASP 等应用程序。

(3)　测试网站，完善功能。

当网站的各个页面制作完毕后，需要在网站发布前进行网站测试，检查网站的内容是否符合要求，文本和图像等素材使用是否正确，各个页面之间的链接是否通畅，用户在浏览这些网页时下载速度是否令人满意，网站在各种常用浏览器下是否可以正常浏览等。对发现的问题要及时解决，对网站存在的不足要进行改进。总之，要根据测试结果，不断完善网站。

(4) 申请空间，发布站点。

网站制作完毕后，只有将其发布到互联网上，才能发挥其价值。在网站发布前，需要提前在互联网上申请一个空间，即存放网站的地方。对于个人用户，建议购买虚拟主机。在购买虚拟主机时要看其服务、速度、响应时间等，一般选择有一定名气的服务商即可。要想让大家能记住自己的网站，还需要申请一个域名，域名要尽可能简短，以方便记忆。如果申请的空间支持 FTP 功能，发布网页可以直接使用 Dreamweaver 中的"发布站点"功能进行上传，也可以使用 FTP 客户端软件进行上传。

(5) 网站推广，内容更新。

网站发布后还需要推广，像登录搜索引擎、相互宣传、相互链接等都是行之有效的方法。另外，还要注意及时更新内容，在具体实施过程中需要注意以下几点：以质取胜，即靠内容的质量取胜；以新取胜，即以一定的原创内容取胜；以时取胜，即尽量追究时效，对内容尽早地发布。总之，要尽量做到人无我有，人有我新。

2. 企业网站建设流程

专门从事网站开发的公司帮助企业进行网站开发的一般流程是：客户提出需求→设计建站方案→查询申办域名→网站系统规划→确定合作意向→网站内容整理→网页设计、制作、修改→网站确认并发布→网站推广维护。图 1-6 所示是某一网页制作公司为企业建设网站的基本过程，下面进行详细说明。

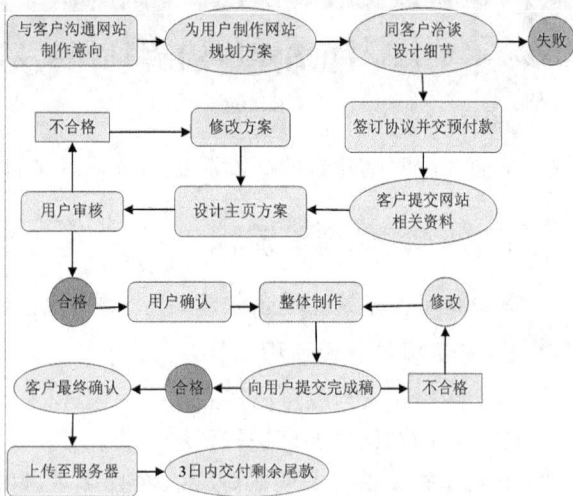

图1-6 企业网站建设流程

(1) 客户提出需求。

客户提出网站建设方面的基本需求，内容包括：企业介绍、栏目描述、网站基本功能需求和基本设计要求。

(2) 设计建站方案。

根据企业的要求和实际状况设计适合企业的网站方案。一切根据企业的实际需要进行选择，最合适的才是最好的。

(3) 查询申办域名。

域名是企业在网络上的招牌，域名仅是一个名字，并不影响网站的功能和技术。根据企业的需要，决定使用国际域名还是使用国内域名，如果登记国际域名，就必须向国际互联网络管理中心申请；如果登记国内域名，则应在中国互联网服务中心登记。

(4) 网站系统规划。

网站是发布企业产品与服务信息的平台，所以网站内容非常重要。一个好的网站，不仅是一本网络版的企业全貌和产品目录，它还必须给网站浏览者，即企业的潜在客户提供方便的浏览导航，合理的动态结构设计，适合企业商务发展的功能构件（如信息发布系统、产品展示系统等），丰富实用的资讯和互动空间。网页制作公司将根据客户提供的材料精心进行规划，提交出一份网站建设方案书。

(5)　确定合作意向。

双方以面谈、电话或电子邮件等方式，针对项目内容和具体需求进行协商。双方认可后，签署网站建设合同书并支付相应比例的网站建设预付款。

(6)　网站内容整理。

根据网站建设合同书，由客户组织出一份与企业网站栏目相关的内容材料（电子文档文字和图像等），网页制作公司将对相关文字和图像进行详细的处理、设计、排版、扫描和制作。

(7)　网页设计、制作及修改。

一旦网站的内容与结构确定了，下一步的工作就是进行网页的设计和程序的开发。网页设计关乎企业的形象，一个好的网页设计，能够在信息发布的同时对公司的意念以及宗旨做出准确的诠释。很多国际大型公司都不惜花费巨大的投入在网页的设计上。

(8)　网站提交客户审核并发布。

网站设计、制作、修改、程序开发完成后，提交给客户审核，客户确认后，支付网站建设余款。同时，网站程序及相关文件上传到网站运行的服务器，至此网站正式开通并对外发布。

(9)　网站推广及后期维护。

为了能让更多的人来浏览企业的网站，必须有一个详尽而专业的网站推广方案，包括登录著名网络搜索引擎、网络广告发布、邮件群发推广、Logo 互换链接等。这一部分尤其重要，专业的网络营销推广策划必不可少。网站制作完成后，还要根据需要对网站页面和内容进行适当的修改、更新和维护服务。

1.3.2　网站建设的相关法规

进行网站建设必须遵守相关的法律法规，如《计算机信息网络国际联网安全保护管理办法》、《中华人民共和国计算机信息网络国际联网管理暂行规定》、《中华人民共和国计算机信息系统安全保护条例》、《中华人民共和国电信条例》、《全国人民代表大会常务委员会关于维护互联网安全的决定》、《互联网信息服务管理办法》、《互联网电子公告服务管理规定》、《互联网网站从事登载新闻业务管理暂行规定》、《互联网等信息网络传播视听节目管理办法》、《互联网文化管理暂行规定》等。在不违反相关法律法规的前提下，向网页浏览者提供精彩的内容，这是一个网页制作者应该遵守的基本规则。

1.4　HTML 基础

用 HTML 编写的文档的扩展名是".htm"或".html"，它们是可供浏览器浏览的文档格式，可以使用记事本、写字板等编辑工具来编写 HTML 文档。下面对 HTML 的基本知识进行简要介绍。

1.4.1　HTML 文档结构

HTML 文档的基本结构如下所示。

```
<html>
```

```
<head>
<title>2010广州亚运会口号</title>
</head>
<body>
激情盛会，和谐亚洲
</body>
</html>
```

其中包含了 3 对最基本的 HTML 标签。

(1) <html>…</html>

<html>标记符号出现在每个 HTML 文档的开头，</html>标记符号出现在每个 HTML 文档的结尾。通过对这一对标记符号的读取，浏览器可以判断目前正在打开的是网页文件而不是其他类型的文件。

(2) <head>…</head>

<head>…</head>构成 HTML 文档的开头部分，在<head>和</head>之间可以使用<title>…</title>、<script>…</script>等标记，这些标记都是用于描述 HTML 文档相关信息的，不会在浏览器中显示出来。其中<title>…</title>标记是最常用的，在<title>和</title>标记之间的文本将显示在浏览器的标题栏中。

(3) <body>…</body>

<body>…</body>是 HTML 文档的主体部分，在此标记之间可包含<p>…</p>、<h_n>…</h_n>（其中下标 n 的取值范围为 1~6）、
、<hr>、<img>、<table>…</table>等 HTML 标记，它们所定义的文本、水平线、图像、表格等将会在浏览器中显示出来。<body>标记中还可以包含背景颜色、背景图像、文本颜色、链接颜色、已使用的链接颜色和活动链接颜色等属性参数，如表 1-1 所示。

表 1-1   <body>标记中的属性参数

属性参数	功能说明	应用实例
<body bgcolor="#rrggbb">	设置背景颜色	<body bgcolor="red">红色背景
<body background="image-URL">	设置背景图像	<body background ="sky.gif">以图像为背景
<body text="#rrggbb">	设置文本颜色	<body text="#0000ff">蓝色文本
<body link="#rrggbb">	设置链接颜色	<body link="blue">链接为蓝色
<body vlink="#rrggbb">	设置已使用的链接的颜色	<body vlink="#ff0000">
<body alink="#rrggbb">	设置活动链接的颜色	<body alink="yellow">

引号内的"#rrggbb"是用 6 个十六进制数表示的 RGB（即红、绿、蓝 3 色的组合）颜色，如"#ff0000"对应的是红色。还可以使用 HTML 语言所给定的常量名来表示颜色：Black、White、Green、Maroon、Olive、Navy、Purple、Gray、Yellow、Lime、Agua、Fuchsia、Silver、Red、Blue 和 Teal，如<body text="Blue">表示<body>…</body>标记中的文本使用蓝色显示。这些属性参数可以结合使用，如<body bgcolor="red" text="#0000ff">。

1.4.2　字体、字号和颜色

在网页中显示的文本可以使用 HTML 控制字体、字号和颜色，还可以增强文本的修饰效果。在 HTML 中，字体、字号和颜色使用下列格式进行标识：

`<font face="黑体" size="4" color="#FF0000">文本内容</font>`

`<font>`标记有 3 个基本属性。

- face 属性：用来设置选定文本的字体格式。
- size 属性：用来设置选定文本的大小。
- color 属性：用来设置选定文本的颜色。

为了尽可能地按照预先设定的字体进行显示，在使用`<font>`标记的 face 属性时，可以指定一个字体列表，如果浏览器不支持第 1 种字体，系统就会依次使用第 2 种、第 3 种等后续字体显示网页内容。其格式为：

`<font face="黑体,宋体,仿宋体,隶书">文本内容</font>`

为了便于设置文本的字号，HTML 还提供了基准字号，用户可将网页内最常使用的文本设置为基准字号，其他文本可以在此基础上增加或减小字号的大小。设置基准字号的格式为：

`<base font size=n>`

其中，n 用于确定基准字号的大小，它的取值范围为 0～5。为了控制其他文本的字号，可采用以下格式进行：

`<font size="n">文本内容</font>`

n 的取值范围为 1～7，数值越小，字号越大，反之则越小。如果在 n 的前面添加"+"号或"-"号，则表示相对于基准字体增大或减小字号。

除了正常的字体之外，还可将文本的字形设置为"粗体"、"斜体"等。

- `<b>`内容`</b>`：表示粗体。
- `<i>`内容`</i>`：表示斜体。
- `<b><i>`内容`</i></b>`：表示加粗、倾斜。

为了增强文本的修饰效果，可设置文本的下画线、增大、缩小与上、下标记等。

- `<u>`内容`</u>`：表示增加下画线。
- `<big>`内容`</big >`：表示增大。
- `<small>`内容`</small>`：表示缩小。
- `<sup>`内容`</sup>`：表示上标。
- `<sub>`内容`</sub>`：表示下标。

这些标记混合使用，将产生文本的复合修饰效果。

1.4.3　标题和段落

每篇文档都要有自己的标题，每篇文档的正文都要划分段落。为了突出正文标题的地位和它们之间的层次关系，HTML 设置了 6 级标题。用户可使用以下格式定义文档标题：

`<H_n>标题文字</H_n>`

其中，n 的取值范围为 1～6。n 越小，字号越大；n 越大，字号越小。

除了标题之外，还可以使用以下样式。

- …：用于强调。
- …：用于加强语气。
- <samp>…</samp>：用于引用文字。
- <kbd>…</kbd>：表示使用者输入的文字。
- <var>…</var>：用于显示变量。
- <dfn>…</dfn>：用来显示定义性文字。
- <cite>…</cite>：用于引经据典的文字。

HTML 使用<p>…</p>给网页正文分段，它将使标记后面的内容在浏览器窗口中另起一段。用户可以通过该标记中的 align 属性对段落的对齐方式进行控制。align 属性的值通常有 left、right、center 3 种，可分别使段落内的文本居左、居右、居中对齐。用户可使用以下格式定义文档段落：

```
<P align="center">段落内容</P>
```

使用标记<p>…</p>与使用标记
是不同的，
标记只能起到换行的作用，换行仍然是发生在段落内的行为。

1.5 认识 Dreamweaver 8

Dreamweaver 是美国 Macromedia 公司（2005 年被 Adobe 公司收购）开发的集网页制作和网站管理于一身的所见即所得网页编辑器，它是第一套针对专业网页设计师特别发展的视觉化网页开发工具，利用它可以轻而易举地制作出跨越平台限制和跨越浏览器限制的充满动感的网页。下面对其中的 Dreamweaver 8 进行简要介绍。

1.5.1 工作界面

下面通过具体操作来认识 Dreamweaver 8 的工作界面。

【例1-1】 认识 Dreamweaver 8 的工作界面。

操作步骤

(1) 选择【开始】/【程序】/【Macromedia】/【Macromedia Dreamweaver 8】命令，启动 Dreamweaver 8，弹出如图 1-7 所示的起始页。

在起始页显示的是最近打开的文档列表、新建文档的方式和从范例创建文档的方式。

(2) 选中【不再显示此对话框】复选框，以后在启动 Dreamweaver 8 时不再显示起始页。

图1-7 起始页

(3) 在起始页中选择【创建新项目】/【HTML】命令新建一个 HTML 文档，Dreamweaver 8 的工作界面如图 1-8 所示。

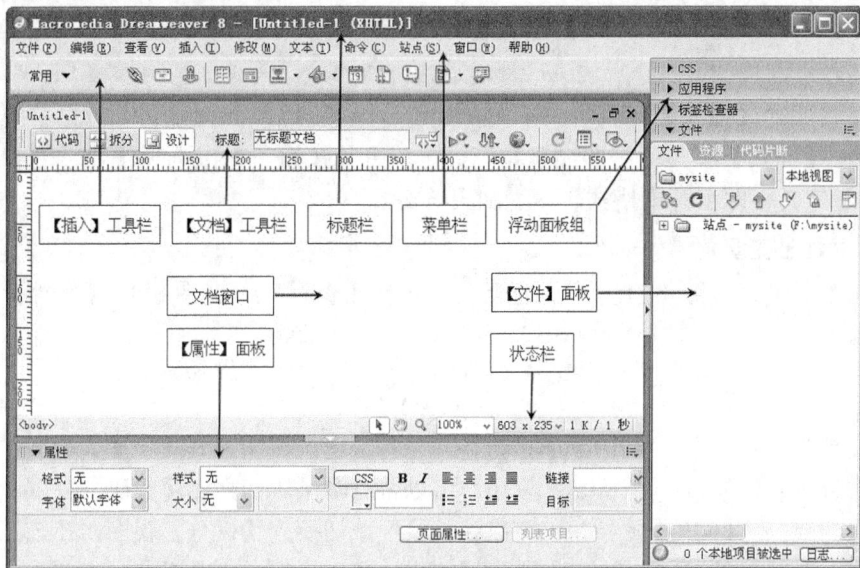

图1-8　Dreamweaver 8 的工作界面

在 Dreamweaver 8 窗口中，位于顶端的是标题栏，创建的文档的名称会显示在这里。标题栏下面是菜单栏，菜单栏几乎集成了 Dreamweaver 8 的所有命令和功能。菜单栏的下面是【插入】工具栏，也称【插入】面板，实际上是图像化了的插入指令。在【插入】工具栏的下面显示的通常是打开的文档名称，其下面是【文档】工具栏。【文档】工具栏下面是文档编辑窗口，这是编辑页面的工作区。文档窗口右侧是浮动面板组，Dreamweaver 8 的面板主要在此位置显示，包括【文件】面板。文档窗口下面是状态栏和最常用的【属性】面板。

1.5.2　常用工具栏

下面对常用工具栏进行简要介绍。

1.【插入】工具栏

【插入】工具栏（也可以叫做【插入】面板）默认位于菜单栏的下面，可以在菜单栏中选择【查看】/【工具栏】/【插入】命令或【窗口】/【插入】命令将其显示或隐藏。【插入】工具栏集成了所有可以在网页中应用的对象，包括【插入】菜单中的选项。【插入】工具栏实际上就是图像化了的插入指令，通过一个个的按钮，可以很容易地插入图像、声音、多媒体动画、表格、图层、框架、表单、Flash 和 ActiveX 等网页元素。

可以通过选择相应的选项卡在【插入】工具栏的子工具栏之间进行切换。如果单击【插入】工具栏左侧的 ▼ 或 ▶ 按钮，可隐藏或显示各子工具栏。将鼠标指针移动到【插入】工具栏左端的 ▦ 图标处，当其呈 ✛ 形状时按住鼠标左键并拖曳，可将工具栏拖曳到窗口中，使其成为浮动工具栏，如图 1-9 所示。其他工具栏和面板具有同样的特点。

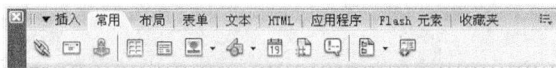

图1-9　制表符格式的【插入】工具栏

【插入】工具栏通常有两种表现形式：制表符格式和菜单格式。图 1-8 所示为制表符格式，单击右侧的  图标，在弹出的下拉菜单中选择【显示为菜单】命令，【插入】工具栏将由制表符格式变为菜单格式，如图1-10所示。

图1-10　菜单格式的【插入】工具栏

在菜单格式的【插入】工具栏中单击 常用 ▼ 按钮，在弹出的下拉菜单中选择相应的菜单命令，【插入】工具栏中即显示相应类型的工具按钮。如果选择【显示为制表符】命令，【插入】工具栏即由菜单格式转变为制表符格式。

2．【文档】工具栏

【文档】工具栏如图1-11所示，通常可以选择【查看】/【工具栏】/【文档】命令将其显示或隐藏。

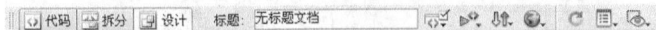

图1-11　【文档】工具栏

在【文档】工具栏中，单击 设计 按钮，可以将编辑区域切换到【设计】视图，在其中可以对网页进行可视化编辑；单击 代码 按钮，可以将编辑区域切换到【代码】视图，在其中可以编辑网页源代码；单击 拆分 按钮，可以将编辑区域切换到【拆分】视图，在该视图中整个编辑区域分为上下两个部分，上方为【代码】视图，下方为【设计】视图，如图1-12所示。

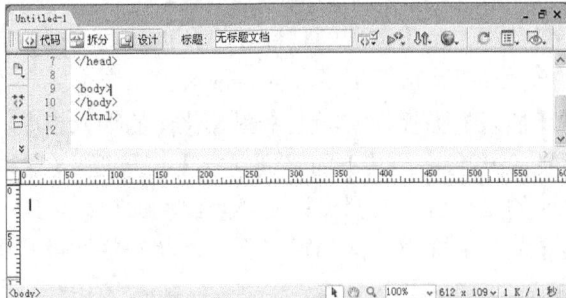

图1-12　【拆分】视图

在【文档】工具栏中单击 按钮，在弹出的如图1-13所示的下拉菜单中选择浏览器或直接按 F12 键，将在所选择的浏览器中预览网页。在下拉菜单中选择【编辑浏览器列表】命令，将弹出【首选参数】对话框，可以在【在浏览器中预览】分类中单击 按钮，添加其他浏览器；单击 按钮，删除所选择的浏览器；单击 编辑(E)... 按钮，对所选择的浏览器进行编辑，如图1-14所示。

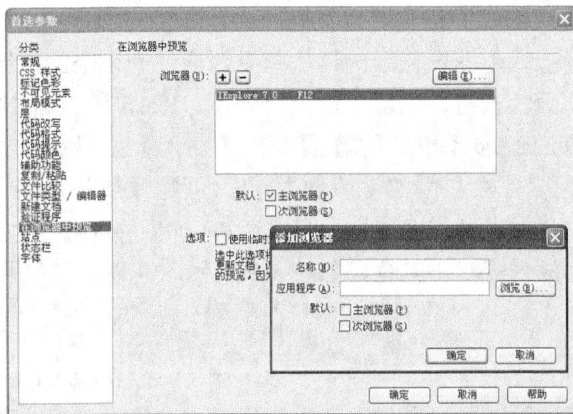

预览在 360se　　　　F12
预览在 IExplore 8.0
编辑浏览器列表(B)...

图1-13　下拉菜单

图1-14　添加浏览器

1.5.3 常用面板

下面对常用面板进行简要介绍。

1. 【文件】面板

Dreamweaver 8 提供了许多功能面板，这些功能面板的命令都集中在【窗口】菜单中。如果要显示某个面板，在【窗口】菜单中选择相应的命令（即在命令前打上"√"号）即可。这些功能面板绝大多数都显示在窗口的右侧，多个面板可以组成一个面板组，如【文件】面板组包括【文件】、【资源】和【代码片断】3 个面板。

图 1-15 所示是在 Dreamweaver 8 中创建了站点以后的【文件】面板状态。在【文件】面板中可以创建文件夹和文件，也可以上传和下载服务器端的文件。可以说，【文件】面板是站点管理器的缩略图，在站点管理中起着非常重要的作用。

图1-15 【文件】面板

2. 【属性】面板

【属性】面板通常显示在编辑区域的最下面，如果工作界面中没有显示【属性】面板，选择【窗口】/【属性】命令即可将其显示出来。单击【属性】面板右下角的 △ 按钮或 ▽ 按钮，可以隐藏或显示【属性】面板的高级选项部分。

【属性】面板并不是将所有的属性都加载在面板上，而是根据所选择的对象来动态显示对象的属性。例如，当前选择了一幅图像，那么【属性】面板上就会出现该图像的相关属性；如果选择了文本，那么【属性】面板会相应地变化成文本的相关属性，如图 1-16 所示。根据需要，可以在【属性】面板中设置或修改所选对象的属性。

图1-16 文本【属性】面板

习题

1. 常用的网页制作工具软件有哪些？
2. 企业网站建设的一般流程是什么？
3. 【文档】工具栏包括哪 3 种视图，各自的作用是什么？
4. 启动 Dreamweaver 8 并熟悉工作界面各部分的名称。

第2章 创建站点

在 Dreamweaver 中制作网页通常是在站点中进行的，学习 Dreamweaver 首先需要学习在 Dreamweaver 中创建站点的方法。本章将介绍在 Dreamweaver 8 中定义和管理站点、设置 Dreamweaver 8 使用规则以及在站点中创建文件夹和文件的方法。

学习目标

- 掌握定义和管理站点的方法。
- 掌握设置【首选参数】的方法。
- 掌握创建文件夹和文件的方法。

2.1 创建站点

下面介绍在 Dreamweaver 8 中定义和管理站点的方法。

2.1.1 定义站点

在使用 Dreamweaver 8 定义站点前，必须明确 3 个概念的基本涵义。

- 本地信息：是指 Dreamweaver 8 中的本地站点信息，包括站点名称、本地站点的根文件夹等。在 Dreamweaver 8 中制作网页，必须定义一个本地站点。
- 远程信息：指互联网或局域网中的远程 Web 服务器信息，本地站点内的文件只有上传到远程 Web 服务器后，用户才能正常浏览访问。在本地制作网页期间，如果不需要将远程服务器作为测试服务器，可以不设置远程服务器信息，等到网页全部制作完毕需要上传时，再设置远程服务器信息也不迟。
- 测试服务器：是指用作测试网页能否正常运行的站点，它可以位于本地服务器上，也可以位于远程服务器上。如果制作的网页全部是静态网页，创建的站点是静态站点，不需要设置测试服务器，因为静态网页能够在浏览器中直接打开；而如果是动态网页，站点是动态站点，这时需要设置测试服务器，在设置测试服务器前，还必须配置好本地的 Web 服务器，这样，动态网页才能在浏览器中打开。

在理解了上面的基本概念后，下面介绍在 Dreamweaver 8 中定义本地站点的基本方法。

【例2-1】 定义站点。

操作步骤

(1) 启动 Dreamweaver 8，选择【站点】/【新建站点】命令，弹出【未命名站点 2 的站点定义为】对话框。

(2) 在【您打算为您的站点起什么名字？】文本框中输入站点的名称 "mysite"，如果还没有站点的 HTTP 地址，【您的站点的 HTTP 地址（URL）是什么？】项可不填，如图 2-1 所示。

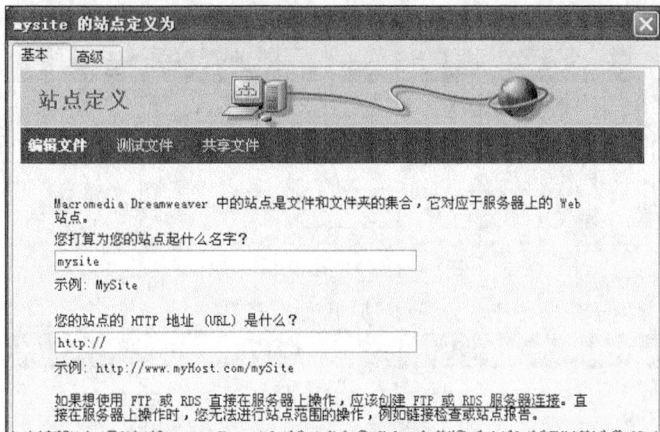

图2-1 设置站点名称

在定义站点时，可以使用向导式的基本设置对话框，也可以使用高级设置对话框，对于初学者建议使用向导式的基本设置对话框。

(3) 单击 下一步(N) > 按钮，在弹出的对话框中点选【否，我不想使用服务器技术。】单选按钮，即定义一个静态站点，如图 2-2 所示。

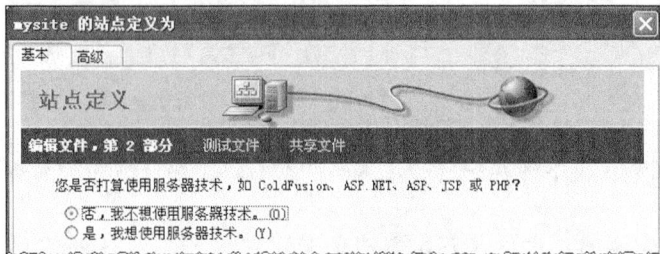

图2-2 设置是否使用服务器技术

(4) 单击 下一步(N) > 按钮，在对话框中点选【编辑我的计算机上的本地副本，完成后再上传到服务器】单选按钮，并设置本地站点文件夹的位置，如图 2-3 所示。

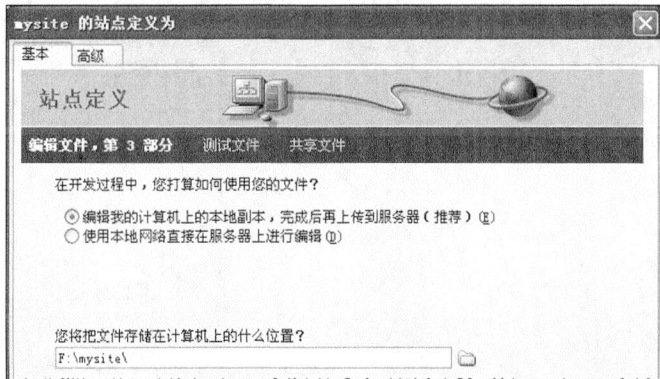

图2-3 设置文件使用方式及存储位置

(5) 单击 下一步(N) > 按钮，在【您如何连接到远程服务器？】下拉列表中选择 "无"，即暂不连接到远程服务器，如图 2-4 所示。

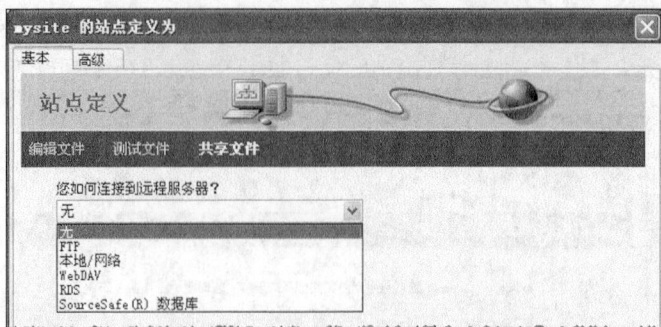

图2-4 设置如何连接到远程服务器

(6) 单击 下一步(N) > 按钮，如图 2-5 所示，表明设置已经完成。

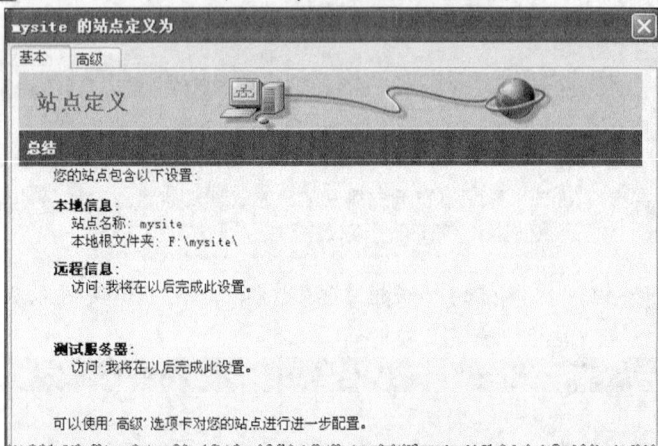

图2-5 站点定义总结对话框

(7) 单击 完成(D) 按钮结束设置工作，在【文件】面板中显示了刚刚定义的站点，如图 2-6 所示。

上面通过站点定义对话框的【基本】选项卡定义了一个静态站点，如果定义的是使用脚本语言的动态站点，这时必须定义测试服务器。下面介绍通过站点定义对话框的【高级】选项卡定义一个使用脚本语言的动态站点的方法。

(8) 选择【站点】/【管理站点】命令，打开【管理站点】对话框，如图 2-7 所示。

图2-6 【文件】面板

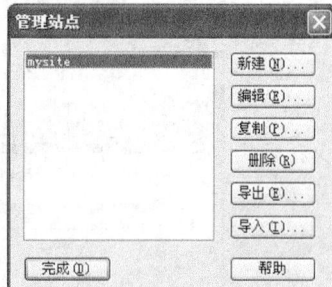

图2-7 【管理站点】对话框

(9) 在【管理站点】对话框中单击 新建(N)... 按钮，在弹出的菜单中选择【站点】命令，打开站点定义对话框，选择【高级】选项卡。

(10) 在【高级】选项卡的【本地信息】分类对话框中设置站点名称、本地根文件夹，如图 2-8 所示。

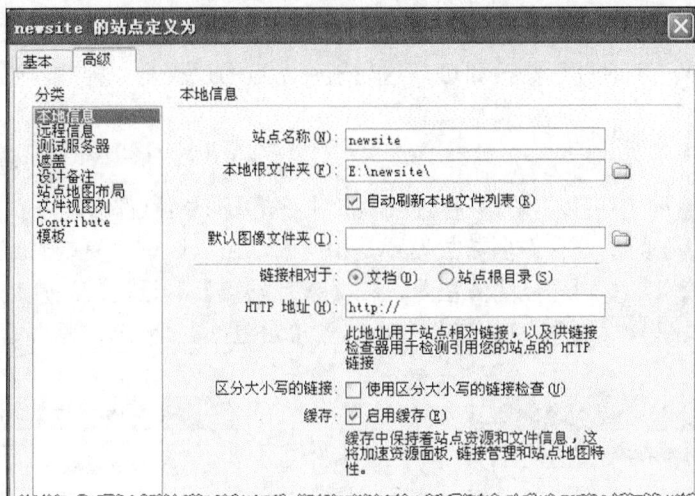

图2-8 设置本地信息

(11) 切换到【测试服务器】分类对话框，设置服务器模型（即站点网页使用的脚本语言）、访问类型（即使用测试服务器的方式）等参数，如图 2-9 所示。

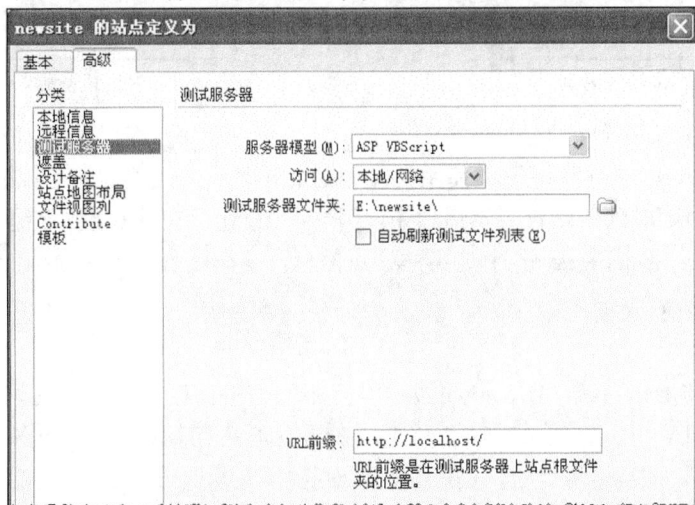

图2-9 设置测试服务器

(12) 单击 [确定] 按钮关闭对话框，单击 [完成(D)] 按钮关闭【管理站点】对话框。这样，一个动态站点创建完成了。

2.1.2 管理站点

对 Dreamweaver 中已经存在的站点，可以进行站点复制，然后根据需要对其进行编辑，对于不需要的站点还可以进行删除。如果要在多台计算机中创建一个相同的站点，可以首先在一台计算机上进行创建，然后使用导出站点的方法将站点信息导出，再在其他计算机中导入该站点即可。下面进行详细介绍。

1. 编辑站点

编辑站点是指对 Dreamweaver 中已经存在的站点重新进行相关参数的设置。编辑站点的方法是，选择【站点】/【管理站点】命令，打开【管理站点】对话框，如图 2-10 所示，在【管理站点】对话框中选中要编辑的站点，然后单击 编辑(E)... 按钮，在弹出的对话框中按照向导提示一步一步地进行修改即可，这与创建站点的过程是一样的，也可以直接使用高级选项进行修改。

2．复制站点

在 Dreamweaver 中可以存在多个站点，但并不是每个站点都必须从头开始创建，如果新建站点和已经存在的站点有许多参数设置是相同的，可以通过"复制站点"的方式进行复制，然后再进行编辑。复制站点的方法是，在【管理站点】对话框的站点列表中选中要复制的站点，然后单击 复制(P)... 按钮，复制一个站点，如图 2-11 所示，再根据需要对该站进行编辑即可。

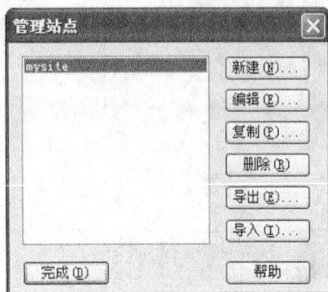

图2-10 编辑站点　　　　　　　　　　　　　图2-11 复制站点

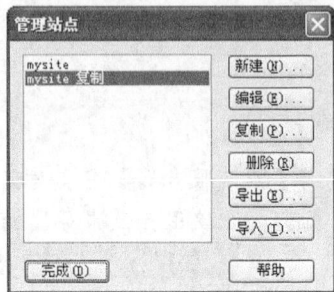

3．删除站点

在 Dreamweaver 中可以将不再使用的站点进行删除。删除站点的方法是，在【管理站点】对话框中选中要删除的站点，然后单击 删除(R) 按钮。在【管理站点】对话框中删除站点仅仅是删除了在 Dreamweaver 中定义的站点信息，存在磁盘上的相对应的文件夹及文件仍然存在。

4．导出站点

如果重新安装操作系统，Dreamweaver 站点中的信息就会丢失，这时可以采取导出站点的方法将站点信息导出。导出站点的方法是，在【管理站点】对话框中选中要导出的站点，然后单击 导出(T)... 按钮，弹出【导出站点】对话框，设置导出站点文件的路径和文件名称，最后保存即可。导出的站点文件的扩展名为".ste"。

5．导入站点

导出的站点只有导入到 Dreamweaver 中才能发挥它的作用。导入站点的方法是，在【管理站点】对话框中单击 导入(I)... 按钮，弹出【导入站点】对话框，选中要导入的站点文件导入站点即可。

2.2 搭建站点结构

网站是多个网页的集合，通常包括一个首页和若干个分页。在站点中，这些网页文件通常是分门别类地放置在各个文件夹里的，这样网站的结构才清晰明了。下面介绍设置【首选参数】的方法以及在站点中创建文件夹和文件的方法。

2.2.1 设置首选参数

在使用 Dreamweaver 8 制作网页之前，应该根据自己的爱好和实际需要来定义 Dreamweaver 8 的使用规则，也就是设置首选参数，下面进行简要介绍。

【例2-2】 设置首选参数。

操作步骤

(1) 在菜单栏中选择【编辑】/【首选参数】命令，打开【首选参数】对话框。

(2) 在【常规】分类的【文档选项】中勾选【显示起始页】选项，在【编辑选项】中勾选【允许多个连续的空格】、【使用 CSS 而不是 HTML 标签】等选项，如图 2-12 所示。

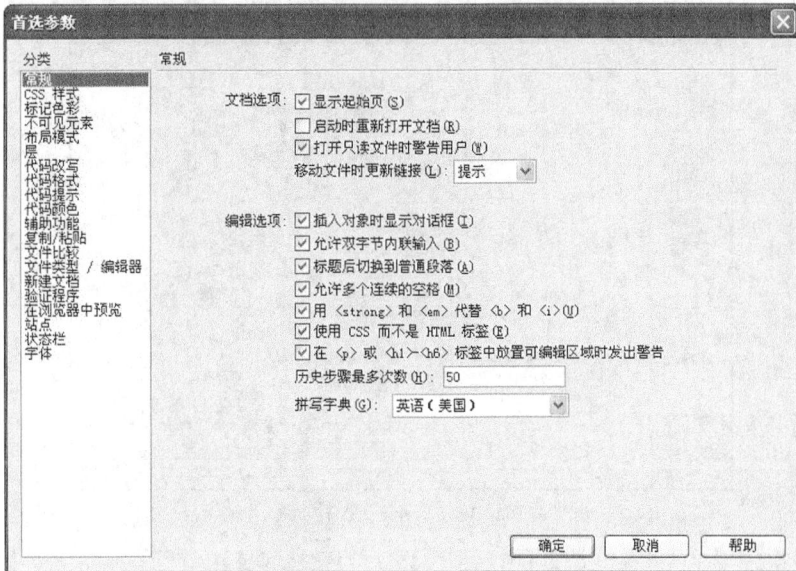

图2-12 【常规】分类

【文档选项】包括 4 项内容。

- 【显示起始页】：设置在启动 Dreamweaver 8 或没打开文档时是否显示起始页。
- 【启动时重新打开文档】：设置在启动 Dreamweaver 8 时是否打开在上一次关闭 Dreamweaver 8 时在文档窗口中还处于打开状态的网页文档。
- 【打开只读文件时警告用户】：设置在打开只读文件时是否发出警告。
- 【移动文件时更新链接】：设置在移动、重命名或删除站点中的文件时对更新链接所执行的操作，包括 "总是"、"从不"、"提示" 3 个选项。

【编辑选项】包括 9 项内容。

- 【插入对象时显示对话框】：设置在使用【插入】工具栏或【插入】菜单插入图像、媒体、表格、层和其他对象时是否提示用户输入附加的信息。
- 【允许双字节内联输入】：设置是否允许直接将双字节文本输入到文档窗口中，如果禁用该选项，将显示一个用于输入和转换双字节文本的文本输入窗口，文本被接受后显示在文档窗口中。
- 【标题后切换到普通段落】：设置在【设计】视图中于一个标题段落（用 HTML 标签 <h1>~<h6>进行标记的段落）的结尾处按下 Enter 键时，是否切换到使用 HTML 标签 <p>标记的新段落。
- 【允许多个连续的空格】：设置在【设计】视图中是否允许使用空格键输入多个连续的空格。

知 识 链 接

- 【用<strong>和<em>代替<b>和<i>】：设置是否使用<strong>和<em>标签代替<b>和<i>标签。之所以提供该选项，是因为 WWW 联合会不鼓励使用<b>和<i>标签，同时<strong>和<em>标签在提供的语义信息上比<b>和<i>标签更明确。
- 【使用 CSS 而不是 HTML 标签】：设置在编辑文档时，使用【属性】面板设置文本的字体、大小、颜色等属性是使用 CSS 样式标签表示还是使用 HTML 样式标签表示。
- 【在<p>或<h1>-<h6>标签中放置可编辑区域时发出警告】：设置在保存一个段落或标题标签内具有可编辑区域的 Dreamweaver 模板时是否发出警告信息。
- 【历史步骤最多次数】：设置【历史记录】面板中保留和显示的步骤数。
- 【拼写字典】：设置拼写字典，如果字典中包含多种方言或拼写惯例，如"英语（美国）"和"英语（英国）"，则方言单独列在【字典】下拉列表中。

(3) 选择【不可见元素】分类，根据需要定义不可见元素是否显示，如图 2-13 所示。

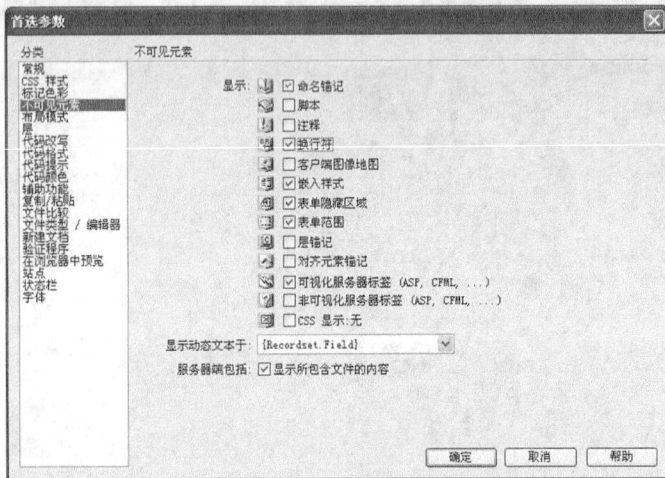

图2-13　【不可见元素】分类

在选择【不可见元素】分类后，还要保证菜单栏中的【查看】/【可视化助理】/【不可见元素】命令已经勾选，这样包括换行符在内的不可见元素会在文档中显示出来。

(4) 选择【复制/粘贴】分类，根据需要进行参数设置，如图 2-14 所示。

在设置了一种适用的粘贴方式后，就可以直接选择【编辑】/【粘贴】命令粘贴文本，如果需要临时改变粘贴方式，可以选择【选择性粘贴】命令进行粘贴。

在【复制/粘贴】分类中，可以定义粘贴到 Dreamweaver 8 文档中的文本格式。【复制/粘贴】分类包括 4 个单选按钮和两个复选框。

- 【仅文本】：表示粘贴无格式的文本。
- 【带结构的文本（段落、列表、表格等）】：表示粘贴文本保留段落、列表和表格等结构，但不保留粗体、斜体等格式设置。
- 【带结构的文本以及基本格式（粗体、斜体）】：表示粘贴过来的内容将保持原有格式设置。
- 【带结构的文本以及全部格式（粗体、斜体、样式）】：表示将保持粘贴内容的所有原始设置，包括结构、HTML 格式和 CSS 样式等。
- 【保留换行符】：表示可保留所粘贴文本中的换行符。
- 【清理 Word 段落间距】：如果点选了【带结构的文本（段落、列表、表格等）】或【带结构的文本以及基本格式（粗体、斜体）】单选按钮，并想在粘贴文本时删除段落之间的多余空白，可勾选【清理 Word 段落间距】复选框。

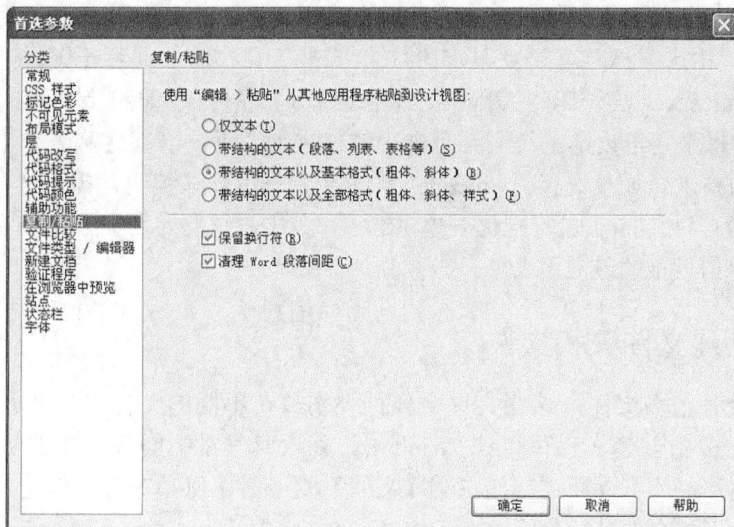

图2-14 【复制/粘贴】分类

(5) 选择【新建文档】分类，参数设置如图 2-15 所示，然后单击 <u>确定</u> 按钮关闭对话框。

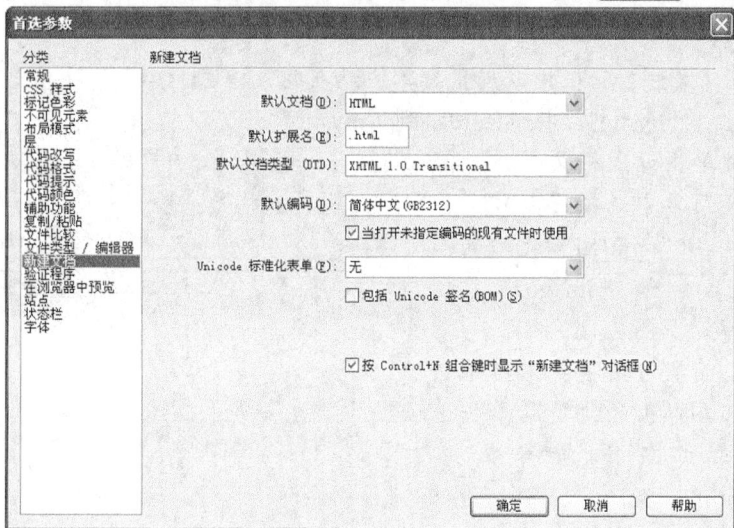

图2-15 【新建文档】分类

案例小结

XHTML 有以下 3 个版本。

- XHTML 1.0 Transitional: 包含 HTML 4.01 的所有标记以及属性，是一种不是那么严格的 XHTML，目的是使现有的 HTML 开发者更容易接受并使用 XHTML，建议读者在创建网页时选择此种文档类型。

- XHTML 1.0 Strict: 是严格版本的 XHTML，开发者必须要严格遵守文档结构与表现互相分开的规则，也就是说需要用 CSS 控制页面的显示而不是使用 <font>、<bgcolor>之类的 HTML 标记或属性。

- XHTML 1.0 Frameset: 用于把文档分割成几个帧以显示不同的内容（XHTML 1.0 Transitional 和 Strict 页面不允许包含<frameset>标记）。

GB2312 是中华人民共和国国家汉字信息交换用编码，全称《信息交换用汉字编码字符集——基本集》，由国家标准总局发布，1981 年 5 月 1 日实施，通行于国内，新加坡等地也使用此编码。Unicode（统一码、万国码、单一码）是一种在计算机上使用的字符编码，它为每种语言中的每个字符设定了统一并且唯一的二进制编码，以满足跨语言、跨平台进行文本转换、处理的要求。如果选择 "Unicode (UTF-8)" 作为默认编码，需要选择一个 Unicode 标准化表单，有 4 种 Unicode 标准化表单供选择，其中最重要的是标准化表单 C，因为它是用于 WWW 的字符模型的最常用表单。

2.2.2　创建文件夹和文件

一个站点会有很多文件，这些文件会根据类别放在不同的文件夹里面。文件夹可以直接在【文件】面板中创建，也可以在 Windows 资源管理器中创建。文件除了可以在【文件】面板中创建外，还可以通过起始页和【文件】/【新建】菜单命令来创建。下面通过具体操作对创建文件夹和文件进行介绍。

【例2-3】　创建文件夹和文件。

操作步骤

(1)　接上例。在【文件】面板中，用鼠标单击站点列表框 📁 newsite ⏷，从下拉菜单中选择静态站点 "mysite"，将站点切换到 "mysite"。

(2)　用鼠标右键单击站点根文件夹，在弹出的快捷菜单中选择【新建文件夹】命令，在 "untitled" 处输入新的文件夹名，如 "images"，按 Enter 键确认，如图 2-16 所示。

(3)　在【文件】面板中用鼠标右键单击根文件夹，在弹出的快捷菜单中选择【新建文件】命令，在 "untitled.html" 处输入新的文件名，如 "index.html"，按 Enter 键确认，如图 2-17 所示。

图2-16　新建文件夹

要点提示　单击【文件】面板组标题栏右侧的 ☰ 按钮，在弹出的下拉菜单中选择【文件】/【新建文件夹】和【文件】/【新建文件】命令也可以在站点中创建文件夹和文件。

图2-17　新建文件

(4) 选择【文件】/【新建】命令，打开【新建文档】对话框，根据需要选择相应的选项创建文件，如在【常规】选项卡中选择【基本页】/【HTML】选项，如图 2-18 所示。

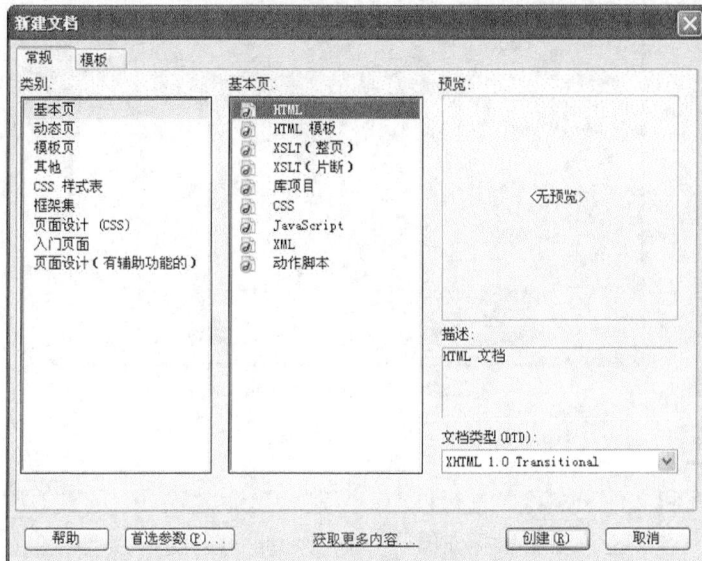

图2-18 【新建文档】对话框

(5) 单击 创建(R) 按钮创建一个新文档，如图 2-19 所示。

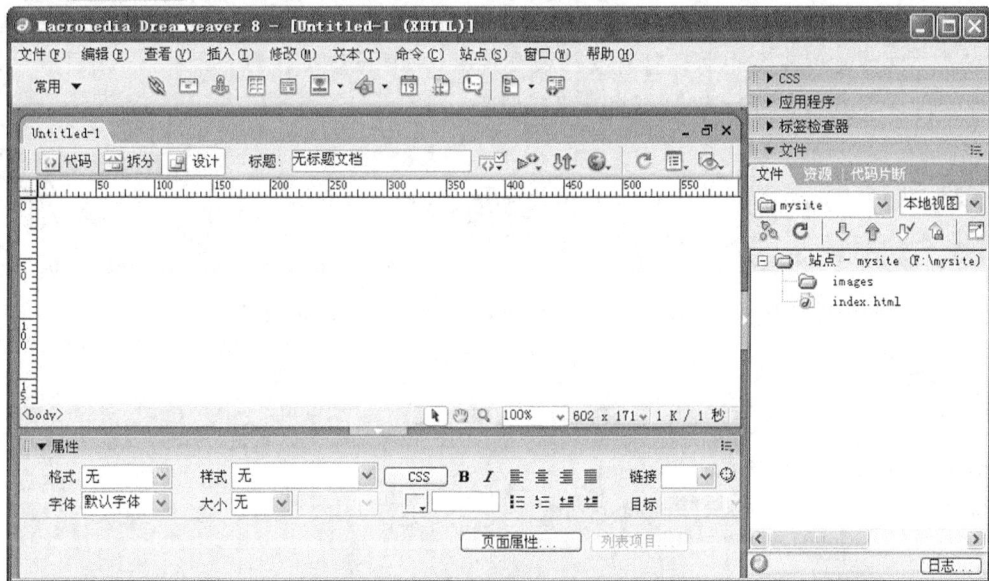

图2-19 创建文档

要点提示 在起始页的【创建新项目】或【从范例创建】列表中选择相应命令，也可以创建相应类型的文件。

(6) 选择【文件】/【保存】命令，弹出【另存为】对话框，输入新的文件名称，单击 保存(S) 按钮进行保存，如图 2-20 所示。

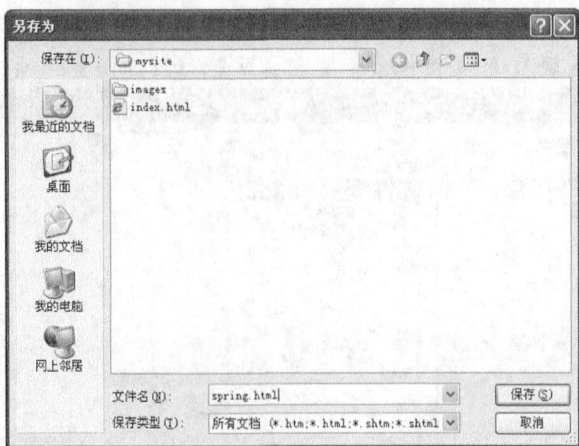

图2-20 【另存为】对话框

案例小结

对创建的文件和文件夹，可以进行移动、复制、重命名和删除等基本操作，方法是，单击鼠标左键选中需要管理的文件或文件夹，然后单击鼠标右键，在弹出的快捷菜单中选择【编辑】菜单中的相应选项即可，如图 2-21 所示。当然，在【文件】面板中选中并单击文件或文件夹名也可以对其进行重命名，双击文件或文件夹名也可以打开文件或文件夹，如果选中文件或文件夹名并按 Delete 键则可将其直接删除。

剪切(C)	Ctrl+X
拷贝(Y)	Ctrl+C
粘贴(A)	Ctrl+V
删除(D)	Del
复制(L)	Ctrl+D
重命名(N)	F2

图2-21 【编辑】菜单中的相应选项

习题

1. 根据提示使用站点向导创建一个本地静态站点"personsite"。

步骤提示

① 选择【站点】/【新建站点】命令创建一个新站点，名字为"personsite"。

② 设置不使用服务器技术。

③ 设置文件的保存位置为"D:\personsite"。

④ 暂不使用远程服务器。

⑤ 将创建的站点导出，文件名为"personsite.ste"。

2. 根据提示在站点"personsite"中创建文件夹和文件。

步骤提示

① 在【文件】面板中使用鼠标右键快捷菜单命令创建文件夹"personpic"。

② 选择【文件】/【新建】菜单命令创建一个空白 HTML 文档。

③ 选择【文件】/【保存】菜单命令将文档保存为"person.htm"。

第3章 编排简单网页

文本是网页用来向浏览者传递信息的最基本的方式，也是网页存在的基础，掌握文本的基本操作是学习网页制作入门的前提。本章将介绍设置网页文本的基本方法。

学习目标
- ● 掌握设置页面属性的方法。
- ● 掌握设置段落属性的方法。
- ● 掌握设置文本属性的方法。

3.1 设置页面属性

创建一个网页后，可以通过【页面属性】对话框设置网页的一些基本属性，方法是，选择【修改】/【页面属性】命令或在【属性】面板中单击 页面属性... 按钮，弹出【页面属性】对话框进行设置。其中的【外观】分类主要用来设置文本字体、大小、颜色、背景、页边距等页面的基本属性，【标题】分类主要用来设置"标题 1"～"标题 6"的字体、大小和颜色属性，【标题/编码】分类主要用来设置显示在浏览器标题栏的文本以及文档的类型和编码。下面介绍设置【页面属性】的基本方法。

【例3-1】 设置【页面属性】。

操作步骤

(1) 将素材文件复制到站点根文件夹下，然后打开文件"index3.html"，选择【修改】/【页面属性】命令打开【页面属性】对话框。

(2) 在【外观】分类中将页面字体设置为"宋体"，大小设置为"14 像素"，将【左边距】、【右边距】、【上边距】、【下边距】均设置为"10 像素"，如图 3-1 所示

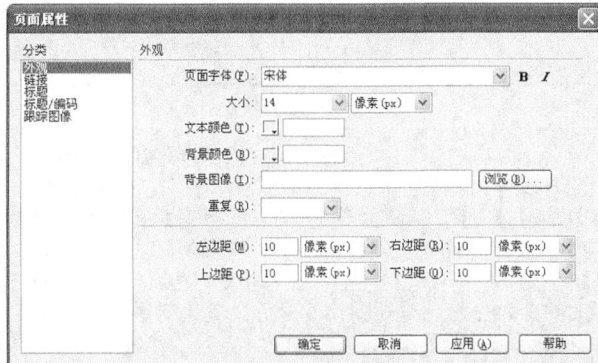

图3-1 【外观】分类

在【页面属性】对话框的【外观】分类中设置的字体、大小和颜色，默认对当前网页中所有的文本都起作用，除非通过【属性】面板或【文本】菜单对所选择的文本进行了单独设置。

知识链接 在【外观】分类的【页面字体】下拉列表中，有些字体列表每行有几种不同的字体，浏览器会使用寻找到的第 1 种字体进行显示。如果【字体】下拉列表中没有需要的字体，可以选择【编辑字体列表…】选项打开【编辑字体列表】对话框进行添加，如图 3-2 所示。单击⊞按钮或⊟按钮，将会在【字体列表】中增加或删除字体列表，单击▲按钮或▼按钮，将会在【字体列表】中上移或下移字体列表，单击《或》按钮将会在当前字体列表中增加或删除字体。在【外观】分类的【大小】下拉列表中，文本大小有两种表示方式，一种用数字表示，另一种用中文表示，当选择数字时，其后面会出现字体大小单位列表，通常选择"像素（px）"，如图 3-3 所示。在【外观】分类的【颜色】文本框中可以直接输入颜色代码，也可以单击🔲（颜色）按钮，打开调色板直接选择相应的颜色，如图 3-4 所示。单击🌐（系统颜色拾取器）按钮，还可以打开【颜色】拾取器调色板，从中选择更多的颜色。

图3-2　【编辑字体列表】对话框　　　　　　图3-3　【大小】下拉列表　　　　　　图3-4　调色板

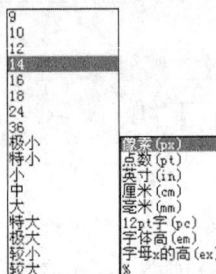

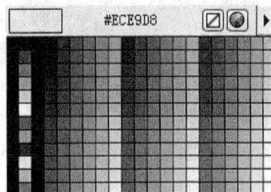

(3) 在【页面属性】对话框中，选择【标题】选项切换到【标题】分类。

(4) 将标题字体设置为"黑体"，将"标题2"的颜色设置为"#000099"，如图 3-5 所示。

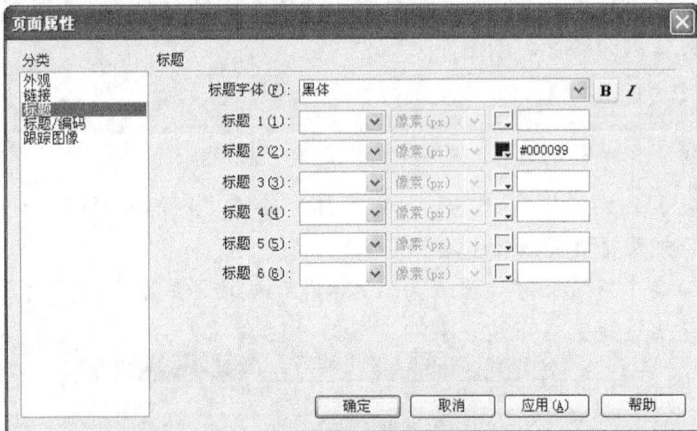

图3-5　【标题】分类

知识链接 Dreamweaver 8 提供了 6 种标准的标题样式"标题 1"～"标题 6"，对应的 HTML 标签是"$<h_1>$标题文字$</h_1>$"～"$<h_6>$标题文字$</h_6>$"。如果在【首选参数】对话框的【常规】分类中选中了【使用 CSS 而不是 HTML 标签】复选框，可以通过【页面属性】对话框的【标题】分类来重新定义"标题 1"～"标题 6"的字体、大小和颜色属性。如果在【首选参数】对话框的【常规】分类中没有勾选【使用 CSS 而不是 HTML 标签】复选框，那么【页面属性】对话框将是如图 3-6 所示的简化对话框，在该对话框中，没有【标题】分类，因此也就无法重新定义标题样式。

图3-6 未勾选【使用 CSS 而不是 HTML 标签】复选框时出现的【页面属性】对话框

(5) 在【页面属性】对话框中，选择【标题/编码】选项切换到【标题/编码】分类。

(6) 在【标题】文本框中输入"创世神话"，在【文档类型】下拉列表中选中"XHTML 1.0 Transitional"，在【编码】下拉列表中选择"简体中文（GB2312）"，如图 3-7 所示。

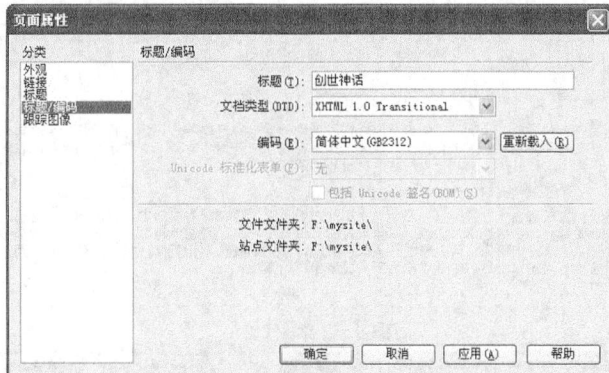

图3-7 【标题/编码】分类

浏览器标题的 HTML 标签是 <title>…</title>，它位于 HTML 标签 <head>…</head> 之间。另外，通过【标题/编码】分类，还可以设置当前网页的文档类型和编码方式。建议在同一个站点中，文档的类型和编码要统一。

(7) 单击 确定 按钮关闭对话框。

(8) 选择【文件】/【另存为】命令将文件保存为"index3-1.html"。

3.2 设置段落属性

这里所说的段落属性主要是指段落格式、对齐方式、空格、缩进和凸出、列表、水平线等内容。

3.2.1 设置段落格式和对齐方式

段落格式包含的内容可以通过【属性】面板的【格式】下拉列表或【文本】/【段落格式】菜单进行查看。文本的对齐方式通常有 4 种：左对齐、居中对齐、右对齐和两端对齐。下面介绍设置段落格式和对齐方式的基本方法。

【例3-2】 设置段落格式和对齐方式。

操作步骤

(1) 接上例。将光标置于文档标题"创世神话"所在行，然后在【属性】面板的【格式】下拉列表中选择"标题2"，并单击 ≡ 按钮使其居中对齐，如图3-8所示。

图3-8 选择"标题2"并居中对齐

(2) 依次将光标置于文档标题"盘古开天"、"女娲补天"、"女娲造人"、"后羿射日"所在行，然后在【属性】面板的【格式】下拉列表中均选择"标题3"。

(3) 在【文档】工具栏中单击 代码 按钮切换到【代码】视图窗口查看源代码的格式，如图3-9所示。

```
26   <body>
27   <table width="700" border="0" cellpadding="0" cellspacing="1" bgcolor="#CCCCCC">
28     <tr>
29       <td rowspan="4" valign="top" bgcolor="#FFFFFF"><h2>创世神话</h2>
30       <p>
     创世神话是指关于天地开辟、人类和万物起源的神话。创世神话也称开辟神话。创世神话是人类幼年时期用幻想的
     形式对自然、宇宙所作的幼稚的解释和描述，反映出原始古代人对天地宇宙和人类由来的原始观念。中国古代的创
     世神话以盘古开天、女娲补天、女娲造人和后羿射日较为著名。</p>
31       <h3>盘古开天</h3>
32       <p>
     据民间神话传说，古时盘古生在黑暗团中，他由于不能忍受黑暗，用神斧劈向四方，逐渐使天空高远，大地辽阔。
     他为不使天地会重新合并，继续施展法术。每当盘古的身体长高一尺，天空就随之增高一尺，经过1.8万多年的努力，
     盘古变成一位顶天立地的巨人，而天空也升得高不可及，大地也变得厚实无比。盘古生前完成开天辟地的伟大业
     绩，死后永远留给后人无穷无尽的宝藏，成为中华民族崇拜的英雄。</p>
33       <h3>女娲补天</h3>
34
```

图3-9 查看源代码

知
识
链
接

关于段落格式中的"标题1"～"标题6"已经介绍，下面着重介绍一下段落和换行。在编辑窗口中，每按一次 Enter 键就会另起一个段落。对文本划分段落后，段落与段落之间默认会产生间距，如果希望文本换行后不产生段落间距，可以采取插入换行符的方法。选择【插入】/【HTML】/【特殊字符】/【换行符】命令，或按 Shift + Enter 组合键，可以插入换行符。段落的 HTML 标签是<p>…</p>，换行的 HTML 标签是
，XHTML 标签是
。换行仍然是发生在段落内的行为，只有<p>…</p>标签才能起到重新开始一个段落的作用。

关于文本的左对齐、居中对齐、右对齐和两端对齐，可以通过依次单击【属性】面板中的 ≡ 按钮、≡ 按钮、≡ 按钮和 ≡ 按钮来实现，也可以通过【文本】/【对齐】菜单中的相应命令来实现。如果同时设置多个段落的对齐方式，则需要先选中这些段落。

3.2.2　设置空格、缩进和凸出

在文档排版过程中，通过按 Space 键来添加空格是最常用的操作，有时也会遇到需要使某段文本整体向内缩进或向外凸出的情况。下面介绍设置空格、缩进和凸出的基本方法。

【例3-3】 设置空格、缩进和凸出。

操作步骤

(1) 接上例。将文档切换到【设计】视图窗口，并将光标置于正文第1段，然后在【属性】面板中单击 ≝ （缩进）按钮使文本向内缩进。

(2) 运用同样的方法依次使其他4段文本（不含小标题）各向内缩进1次。

(3) 将光标置于正文第 1 段开头，按 $\boxed{\text{Space}}$ 键直到空出两个汉字的位置为止。

> **要点提示**　只有在【首选参数】对话框的【常规】分类中选中了【允许多个连续的空格】复选框，才能通过按 $\boxed{\text{Space}}$ 键来添加空格。

(4) 运用同样的方法依次使其他 4 段文本（不含小标题）开头各空出两个汉字的位置，如图 3-10 所示。

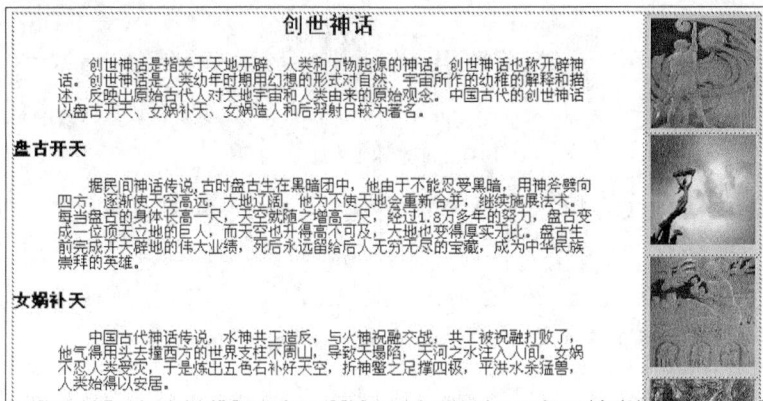

图3-10　添加空格

> **知识链接**　选择【文本】/【缩进】（或【凸出】）命令，或者单击【属性】面板上的 ⬆ 按钮或 ⬇ 按钮，可以使段落整体向内缩进或向外凸出。如果同时设置多个段落的缩进和凸出，则需要先选中这些段落。

3.2.3　设置列表和水平线

在制作网页时，有时需要使用列表的方式排列内容，某些内容之间还会使用水平线进行分割。下面介绍设置列表和水平线的基本方法。

【例3-4】　设置列表和水平线。

操作步骤

(1) 接上例。将光标置于小标题"盘古开天"所在行，然后在【属性】面板中单击 ☷（项目列表）按钮。

(2) 运用同样的方法依次将其他小标题设置为项目列表。

> **知识链接**　列表的类型通常有编号列表、项目列表、目录列表、菜单列表、定义列表等，最常用的是编号列表和项目列表。通过选择【文本】/【列表】/【属性】命令打开【列表属性】对话框，还可以对列表的属性进行设置，如图 3-11 所示。

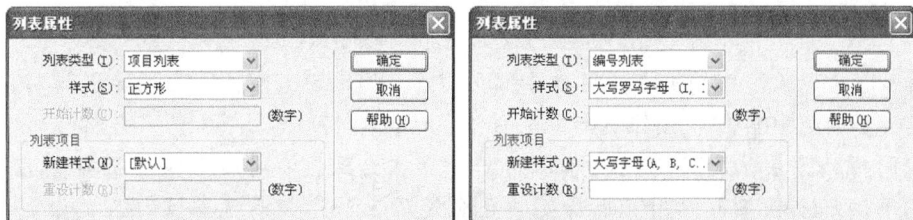

图3-11　【列表属性】对话框

(3) 将光标置于最后一段文本末尾处，然后选择【插入】/【HTML】/【水平线】命令，插入水平线。

(4) 保证水平线处于选中状态，在【属性】面板中将其高度设置为"5"，如图 3-12 所示。

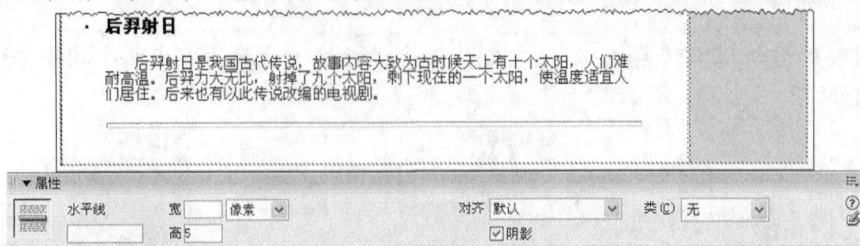

图3-12 设置水平线属性

> 知识链接
>
> 在水平线【属性】面板中，可以设置水平线的 id 名称、宽度和高度、对齐方式、是否具有阴影效果等，这些属性的设置要根据实际需要而定。水平线的 HTML 标签是<hr>，XHTML 标签是<hr />。

(5) 选择【文件】/【另存为】命令将文件保存为"index3-2.html"。

3.3 设置文本属性

这里所说的文本属性主要是指文本的字体、大小、颜色、样式、日期文本等内容。

3.3.1 设置文本的字体、大小、颜色和样式

许多时候要根据实际需要设置网页中文本的字体、大小、颜色和样式。下面介绍在 Dreamweaver 8 中设置文本字体、大小、颜色和样式的基本方法。

【例3-5】 设置文本的字体、大小、颜色和样式。

操作步骤

(1) 接上例。选择正文第 1 段文本中的"中国古代的创世神话以盘古开天、女娲补天、女娲造人和后羿射日较为著名。"，然后在【属性】面板的【字体】下拉列表中选择"黑体"，在【颜色】文本框中输入"#FF0000"，如图 3-13 所示。

图3-13 设置文本的字体和颜色

(2) 选择"盘古开天"中的文本"用神斧劈向四方，逐渐使天空高远，大地辽阔"，然后在【属性】面板中单击 *I* 按钮使文本呈斜体显示。

(3) 运用同样的方法依次将其他段落中的文本"炼出五色石补好天空，折神鳖之足撑四极，平洪水杀猛兽"、"用泥土仿照自己创造了人"、"使青年男女相互婚配，繁衍后代"、"射掉了九个太阳，剩下现在的一个太阳"设置为斜体显示。

通过【属性】面板或【文本】菜单命令设置的字体、大小、颜色和样式，只对当前所选择的文本起作用，而【页面属性】对话框对字体、大小、颜色和样式的设置对整个网页起作用。

文本样式主要是指粗体、斜体、下画线等样式。在文档中首先选择要设置样式的文本，然后可以通过以下 3 种方式设置样式。
- 在【属性】面板中，单击 B 按钮或 I 按钮可以给文本设置粗体或斜体样式。
- 在【文本】/【样式】菜单中选择相应的命令也可以对文本设置样式，如下画线、删除线等。
- 在【插入】工具栏中，切换到【文本】选项卡，单击相应的按钮也可以设置粗体或斜体样式，如图 3-14 所示。

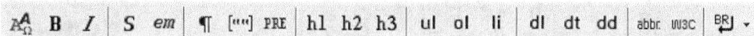

图3-14 【插入】工具栏板

3.3.2 插入和设置日期文本

许多网页在适当位置都会有更新日期，而且每次修改保存后都会自动更新该日期。下面介绍插入日期的基本方法。

【例3-6】 插入日期。

操作步骤

(1) 接上例。将光标置于文档水平线的下面。

(2) 选择【插入】/【日期】命令，打开【插入日期】对话框，参数设置如图 3-15 所示。

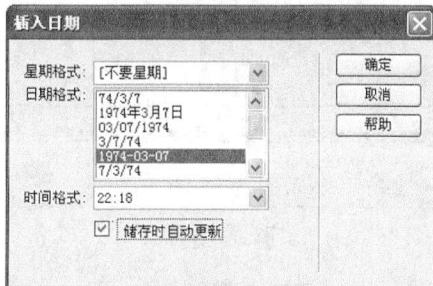

图3-15 【插入日期】对话框

只有在【插入日期】对话框中勾选【储存时自动更新】复选框，才能使单击日期时显示日期的【属性】面板，否则插入的日期仅仅是一段文本而已。

(3) 单击 [确定] 按钮插入日期，如果对插入的日期格式不满意，可以选中日期，在【属性】面板中单击 [编辑日期格式] 按钮重新打开【插入日期】对话框进行设置，如图 3-16 所示。

图3-16 插入日期

(4) 选择【文件】/【另存为】命令将文件保存为 "index3-3.html"。

(5) 在浏览器中预览，效果如图 3-17 所示。

创世神话

　　创世神话是指关于天地开辟、人类和万物起源的神话。创世神话也称开辟神话。创世神话是人类幼年时期用幻想的形式对自然、宇宙所作的幼稚的解释和描述，反映出原始古代人对天地宇宙和人类由来的原始观念。中国古代的创世神话以盘古开天、女娲补天、女娲造人和后羿射日较为著名。

· 盘古开天

　　据民间神话传说，古时盘古生在黑暗团中，他由于不能忍受黑暗，*用神斧劈向四方，逐渐使天空高远，大地辽阔*。他为不使天地会重新合并，继续施展法术。每当盘古的身体长高一尺，天空就随之增高一尺，经过1.8万多年的努力，盘古变成一位顶天立地的巨人，而天空也升得高不可及，大地也变得厚实无比。盘古生前完成开天辟地的伟大业绩，死后永远留给后人无穷无尽的宝藏，成为中华民族崇拜的英雄。

· 女娲补天

　　中国古代神话传说，水神共工造反，与火神祝融交战，共工被祝融打败了，他气得用头去撞西方的世界支柱不周山，导致天塌陷，天河之水注入人间。女娲不忍人类受灾，于是*熔出五色石补好天空，折神鳌之足撑四极，平洪水杀猛兽*，人类始得以安居。

· 女娲造人

　　女娲是中国上古神话中的创世女神。传说女娲*用泥土仿照自己创造了人*，创造了人类社会。又替人类建立了婚姻制度，*使青年男女相互嫁娶，繁衍后代*，因此被传为婚姻女神。是中华民族伟大的母亲，她慈祥地创造了我们，又勇敢地照顾我们免受天灾。是被民间广泛而又长久崇拜的创世神和始祖神。

· 后羿射日

　　后羿射日是我国古代传说，故事内容大致为古时候天上有十个太阳，人们难耐高温。后羿力大无比，*射掉了九个太阳，剩下现在的一个太阳*，使温度适宜人们居住。后来也有以此传说改编的电视剧。

2011-01-01 18:58

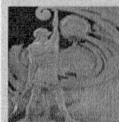

图3-17　在浏览器中的预览效果

习题

1.　根据提示设置文档，最终效果如图 3-18 所示。

避暑山庄

　　避暑山庄始建于康熙四十二年（1703年），建成于乾隆五十五年，历时87年，是清代皇帝夏日避暑和处理政务的场所，为我国著名的古代帝王宫苑。它的最大特色是山中有园，园中有山。从西北部高峰到东南部湖沼、平原地带，相对等差180米，形成了群峰环绕、色壑纵横的景，山谷中清泉涌流，密林幽深。当年利用山峰、山崖、山麓、山涧等地形，修建了多处园林、寺庙，其中最引人注目的是遥相对立的两个山峰上的亭子，一个叫"南山积雪"，一个叫"四面云山"。在亭子上远眺，山庄的各风景点，山庄外的几座大庙以及承德市区，周围山上的奇峰怪石，都可以一览无余。在另一座山峰上还有一座亭子叫"锤峰落照"，在这里磬锤峰首先映入眼帘，每当夕阳西照，磬锤峰被红霞照得金碧生辉，故名"锤峰落照"。 山庄的建筑布局大体可分为宫殿区和苑景区两大部分。苑景区又可分成湖区、平原区和山区三部分。

　　宫殿区的主要建筑宫殿区是皇帝处理政务和帝后居住的地方，包括"正宫"、"松鹤斋"、"万壑松风"和"东宫"（已毁）四组建筑。正宫是宫殿区的主体建筑，分为"前朝"、"后寝"两部分。主殿叫"澹泊敬诚"，各种隆重的大典都在这里举行。 其后的殿堂分别叫"四知书屋"、"烟波致爽"、"云山胜地"等，是皇帝处理朝政、读书和居住的地方。湖区虽然没有颐和园的昆明湖那么大，但是由于洲岛错落，湖面被长堤和洲岛分割成5个湖，各湖之间又有桥相通，两岸绿树成荫，显得曲折有致，秀丽多姿。湖区的风景建筑大多是仿照江南的名胜建造的，如"烟雨楼"，是模仿浙江嘉兴南湖烟雨楼的形状修的。金山岛的布局仿自江苏镇江金山。湖中的两个岛分别有两组建筑，一组叫"如意洲"，一组叫"月色江声"。"如意洲"上有假山、凉亭、殿堂、庙宇、水池等建筑，布局巧妙，是风景区的中心。"月色江声"是由一座精致的四合院和几座亭、堂组成。每当月上东山的夜晚，皎洁的月光，映照着平静的湖水，山庄内万籁俱寂，只有湖水在轻拍堤岸，发出悦耳的声音，"月色江声"的题名便是由此而来。

2011-01-01 19:42

图3-18　文档最终效果

步骤提示

① 打开文档"lianxi-1.html"，将页面字体设置为"宋体"、大小为"14px"，页边距均为"10像素"。

② 将浏览器标题设置为"避暑山庄"，文档类型设置为"XHTML 1.0 Transtional"，编码设置为"简体中文（GB2312）"。

③ 将文档标题设置为"标题2"并居中显示。

④ 将每段开头空出两个汉字的位置。

⑤ 将文本"它的最大特色是山中有园，园中有山。"的颜色设置为"#FF0000"，并添加下画线效果。

⑥ 在正文最后插入一条水平线，在水平线下面插入日期，存储时自动更新。

2. 根据提示设置文档，最终效果如图3-19所示。

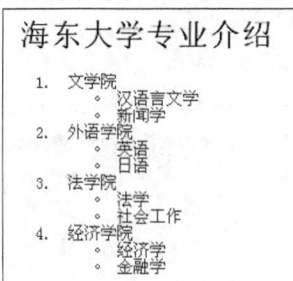

图3-19 文档最终效果

步骤提示

① 打开文档"lianxi-2.html"，将页面字体设置为"宋体"、大小为"14px"。

② 将浏览器标题设置为"海东大学专业介绍"，文档类型设置为"XHTML 1.0 Transtional"，编码设置为"简体中文（GB2312）"。

③ 将文档标题设置为"标题1"。

④ 选中所有正文文本，然后将其设置为编号列表格式。

⑤ 依次选中每个旅游大事标题下面的两行文本，进行文本缩进，然后将其列表格式修改为项目符号格式。

3. 根据自己的爱好自行搜集素材，然后根据本章所学习知识设计制作网页。

第4章 使用图像和媒体

图像和媒体不仅可为网页增色添彩，还可以更好地配合文本传递信息，图像和媒体的应用是使网页吸引浏览者的重要因素。本章将介绍在网页中使用图像和媒体的基本方法。

学习目标

- 了解网页常用图像格式。
- 掌握设置网页背景的方法。
- 掌握插入和设置图像的方法。
- 掌握插入图像占位符的方法。
- 掌握插入 SWF 动画的方法。
- 掌握插入图像查看器的方法。

4.1 使用图像

网页中图像的作用主要可分为两种：一种是装饰作用，另一种是传递信息作用。

4.1.1 常用图像格式

网页中比较常用的图像格式主要有 GIF、JPEG 和 PNG 等。

1. GIF 格式

GIF 格式，文件扩展名为 ".gif"，是在 Web 上使用最早、应用最广泛的图像格式。它具有文件尺寸小、支持透明背景、可以制作动画和交错下载等优点，适合制作网站 Logo、广告条 Banner、网页背景图像等。

2. JPEG 格式

JPEG 格式，文件扩展名为 ".jpg"，是目前互联网中最受欢迎的图像格式。它具有图像压缩率高、文件尺寸小、图像不失真等优点，适合制作颜色丰富的图像，如照片等。

3. PNG 格式

PNG 格式，文件扩展名为 ".png"，是最近使用量逐渐增多的图像格式，也是图像处理软件 Fireworks 固有的文件格式。该格式图像在压缩方面能够像 GIF 格式的图像一样没有压缩上的损失，并能像 JPEG 那样呈现更多的颜色，而且 PNG 格式也提供了一种隔行显示方案，在显示速度上比 GIF 和 JPEG 更快一些。

4.1.2 设置网页背景

在制作网页时，经常需要设置网页背景图像或背景颜色。设置网页的背景图像或背景颜色，可以通过【页面属性】对话框进行，下面介绍具体设置方法。

【例4-1】 设置网页背景。

操作步骤

(1) 将素材文件复制到站点根文件夹下，然后打开文件 "index4.html"，选择【修改】/【页面属性】命令打开【页面属性】对话框。

(2) 在【外观】分类中单击 浏览(B)... 按钮，选择背景图像文件 "bg.jpg"，如图 4-1 所示。

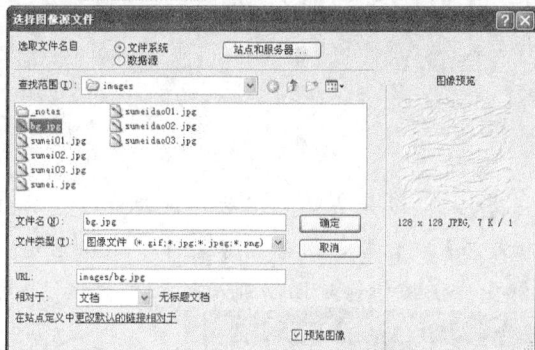

图4-1 选择背景图像

(3) 单击 确定 按钮，然后在【重复】下拉列表中选择 "重复"，如图 4-2 所示。

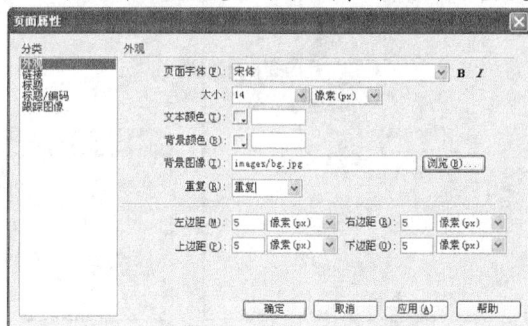

图4-2 设置背景图像重复方式

知识链接

在【重复】下拉列表中共有 4 个选项，它们决定背景图像的平铺方式。
- 不重复：只显示一幅背景图像，不进行平铺。
- 重复：在水平、垂直方向平铺显示图像。
- 横向重复：只在水平方向上平铺显示图像。
- 纵向重复：只在垂直方向上平铺显示图像。

(4) 在【页面属性】对话框中单击 确定 按钮，完成背景图像的设置，如图 4-3 所示。

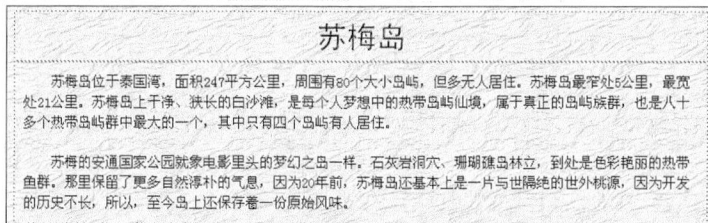

苏梅岛

苏梅岛位于泰国湾，面积247平方公里，周围有80个大小岛屿，但多无人居住。苏梅岛最窄处5公里，最宽处21公里。苏梅岛上干净、洗长的白沙滩，是每个人梦想中的热带岛屿仙境，属于真正的岛屿族群，也是八十多个热带岛屿群中最大的一个，其中只有四个岛屿有人居住。

苏梅的安通国家公园就象电影里头的梦幻之岛一样，石灰岩洞穴、珊瑚礁岛林立，到处是色彩艳丽的热带鱼群。那里保留了更多自然淳朴的气息，因为20年前，苏梅岛还基本上是一片与世隔绝的世外桃源，因为开发的历史不长，所以，至今岛上还保存着一份原始风味。

图4-3 背景图像

要点提示

在设置网页背景时，如果同时设置了背景颜色和背景图像，背景颜色通常平铺在最底层，然后是背景图像，背景图像平铺时会覆盖背景颜色，而在背景图像没有平铺的区域，会显示背景颜色。

4.1.3　插入和设置图像

在 Dreamweaver 8 的【设计】视图中插入图像经常使用的有以下几种方法。

- 选择【插入】/【图像】命令。
- 在【插入】/【常用】工具栏中单击 ▣·（图像）按钮或将其拖动到文档中。
- 在【文件】面板中选中图像并拖动到文档中。

下面通过具体操作介绍插入和设置图像的方法。

【例4-2】　插入和设置图像。

操作步骤

(1)　接上例。将光标置于正文第 1 段开头处，然后在菜单栏中选择【插入】/【图像】命令，打开【选择图像源文件】对话框，选择图像文件"sumei.jpg"，如图 4-4 所示。

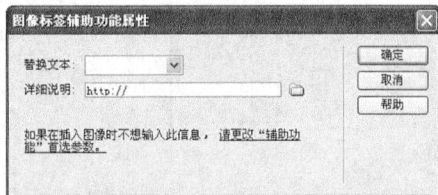

(2)　单击 确定 按钮，弹出【图像标签辅助功能属性】对话框，如图 4-5 所示。

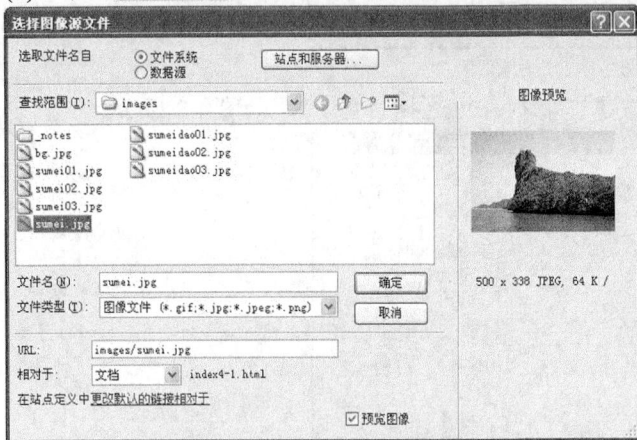

图4-4　【选择图像源文件】对话框　　　　图4-5　【图像标签辅助功能属性】对话框

要点提示　　通过单击对话框下方的链接可打开【首选参数】对话框，取消勾选【图像】复选项，如图 4-6 所示，以后就不会出现如图 4-5 所示的对话框。

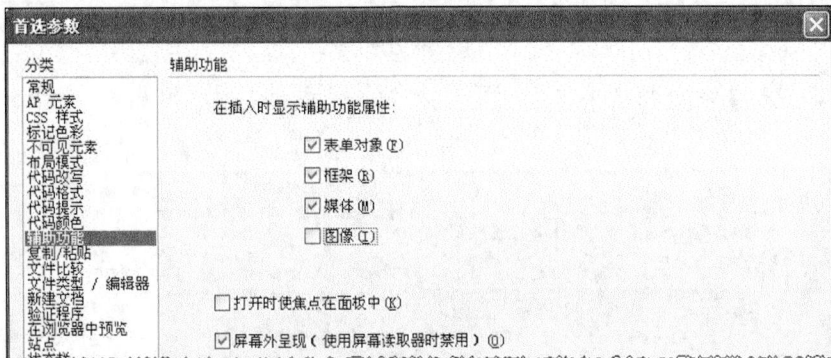

图4-6　【首选参数】对话框

(3)　在【图像标签辅助功能属性】对话框的【替换文本】文本框内可以输入图像的名称、描述或者其他信息，这里不输入任何信息，然后单击 取消 按钮插入图像，如图 4-7 所示。

图4-7 插入图像

(4) 在图像【属性】面板中设置图像名称、宽度和高度、替换文本、边距和边框以及对齐方式，如图 4-8 所示。

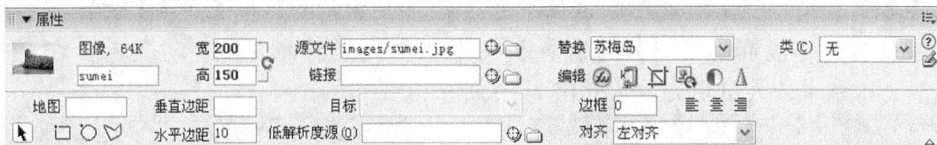

图4-8 图像【属性】面板

知识拓展

下面对图像【属性】面板的相关选项进行简要说明。

① 图像名称和 id。

图像【属性】面板左上方是图像的缩略图，缩略图右侧的数值是当前图像的尺寸，数字下方的文本框用于设置图像的名称和 id，这样便于在 ID 高级 CSS 样式中使用，也便于使用行为或编写脚本程序时引用该图像。

② 图像宽度和高度。

图像【属性】面板的【宽】和【高】文本框用于设置图像的显示宽度和高度，单位默认是"像素"。在修改了图像的宽度和高度后，在文本框的后面会出现 按钮，单击它将恢复图像的实际大小。

③ 源文件。

图像【属性】面板的【源文件】文本框用于显示已插入图像的路径，如果要用新图像替换已插入的图像，可以在【源文件】文本框中输入新图像的文件路径即可，也可通过单击 按钮来选择图像文件。

④ 替换文本。

图像【属性】面板的【替换】下拉列表用于设置图像的描述性信息。浏览网页时，当鼠标指针移动到图像上或图像不能正常显示时，会显示替换文本。

⑤ 图像边距。

图像【属性】面板的【垂直边距】和【水平边距】文本框用于设置图像在垂直方向和水平方向与其他页面元素的间距。

⑥ 图像边框。

图像【属性】面板的【边框】文本框用于设置图像边框的宽度，默认为"无边框"。

⑦ 图像对齐。

图像【属性】面板的【对齐】下拉列表用于设置图像与周围文本或其他对象的位置关系。在【对齐】下拉列表中选择"左对齐"或"右对齐"是实现图像与文本混排的常用方法。

4.1.4 插入图像占位符

图像占位符作为临时代替图像的符号，是在网页设计阶段使用的重要占位工具。下面介绍插入图像占位符的具体方法。

【例4-3】 插入图像占位符。

操作步骤

(1) 接上例。将光标置于正文第 3 段开头处，然后选择【插入】/【图像对象】/【图像占位符】命令，打开【图像占位符】对话框，如图 4-9 所示。

(2) 在【名称】文本框中输入图像占位符的名称，在【宽度】和【高度】文本框中输入图像占位符的宽度和高度，在【颜色】文本框中设置图像占位符的颜色，在【替换文本】文本框中输入替换文本，如图 4-10 所示。

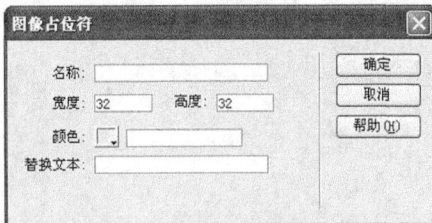

图4-9 【图像占位符】对话框

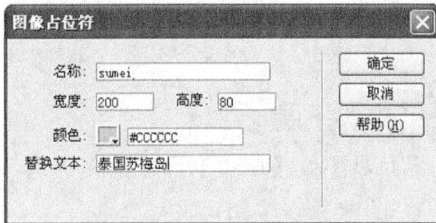

图4-10 设置【图像占位符】对话框

要点提示

在【名称】文本框中不能输入中文，可以是字母和数字的组合，但不能以数字开头。

(3) 单击 确定 按钮插入图像占位符，如图 4-11 所示。

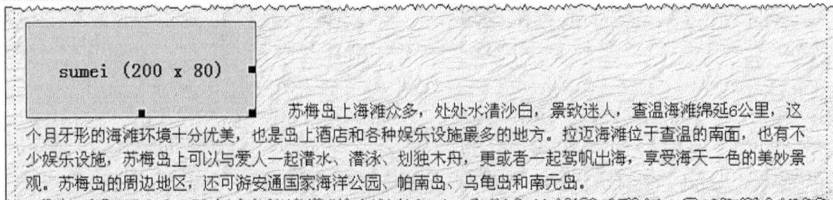

苏梅岛上海滩众多，处处水清沙白，景致迷人，查温海滩绵延6公里，这个月牙形的海滩环境十分优美，也是岛上酒店和各种娱乐设施最多的地方。拉迈海滩位于查温的南面，也有不少娱乐设施，苏梅岛上可以与爱人一起潜水、潜泳、划南木舟，更或者一起驾帆出海，享受海天一色的美妙景观。苏梅岛的周边地区，还可游安通国家海洋公园、帕南岛、乌龟岛和南元岛。

图4-11 图像占位符

(4) 在【属性】面板中设置其对齐方式为"左对齐"，如图 4-12 所示。

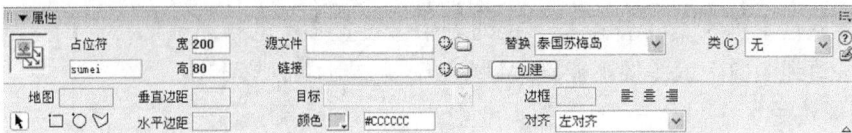

图4-12 图像占位符【属性】面板

(5) 选择【文件】/【另存为】命令将文件保存为"index4-1.html"。

4.1.5 创建网站相册

创建网站相册是一次性处理大量图像的高效方法之一，前提是安装了 Fireworks，并且要处理的图像统一放在一个文件夹里面，图像文件的扩展名是 ".gif"、".jpg"、".jpeg"、".png" 等，这些条件都具备就可以创建网站相册了。

【例4-4】 创建网站相册。

操作步骤

(1) 新建一个文档，然后选择【命令】/【创建网站相册】命令，弹出【创建网站相册】对话框。

(2) 在【创建网站相册】对话框中进行参数设置，如图 4-13 所示。

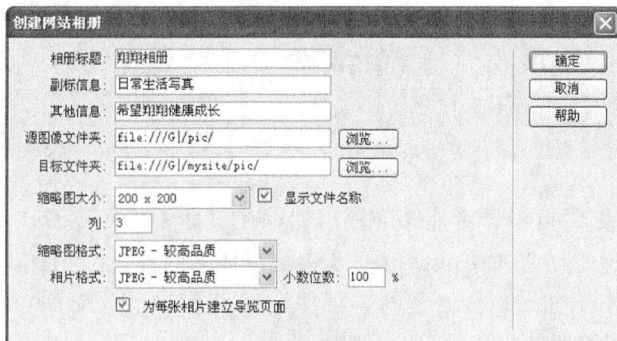

图4-13 【创建网站相册】对话框

知 识 链 接

下面对【创建网站相册】对话框中的参数进行简要说明。

- 【相册标题】：用于设置相册的总标题，不能为空。
- 【副标信息】和【其他信息】：用于设置副标题或者其他信息，也可以不填。
- 【源图像文件夹】：单击右侧的 浏览... 按钮，选定待处理图像的文件夹，这个文件夹不必在网站的根文件夹下面。
- 【目标文件夹】：单击右侧的 浏览... 按钮，选择处理后图像保存的文件夹，这个文件夹要设置在网站的根文件夹下面。
- 【缩略图大小】：在下拉列表中选择缩略图的尺寸，共 5 种尺寸，以像素为单位。
- 【显示文件名称】：勾选该复选框，在缩略图下显示相应的文件名。
- 【列】：用于设置缩略图表格的列数。
- 【缩略图格式】和【相片格式】：在下拉列表中有 4 个选项，分别为【GIF 接近网页 128 色】、【GIF 接近网页 256 色】、【JPEG－较高品质】和【JPEG－较小文件】。对于照片，一般选择【JPEG－较高品质】。
- 【小数位数】：决定【相片格式】相对于源图像的缩小比例，该项的设置将对每一张图像都起作用，但不能起到放大的作用，也就是不能大于 100%，因此此项的取值应根据源图像的尺寸来决定。
- 【为每张相片建立导览页面】：勾选该复选框，可以为每一幅图像创建单独的浏览页，其中自动包括 "前一个"、"首页"、"下一个" 的导航链接。

(3) 单击 确定 按钮创建网站相册，如图 4-14 所示。

要点提示

在缩略图页面中图像以表格的形式出现，并且按照文件名自动排列，所有的图像均按照所设置的大小显示。

(4) 在浏览器预览时单击缩略图，将打开该图像的放大图，如图 4-15 所示。

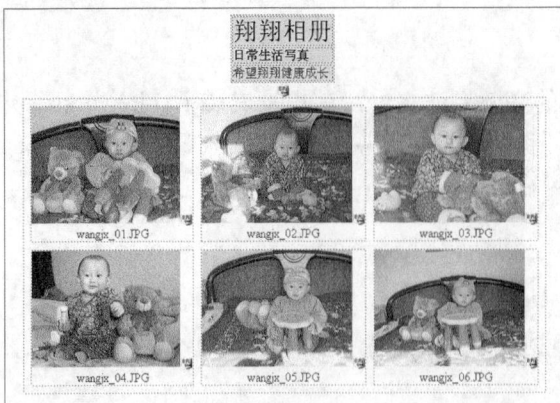

图4-14 创建相册

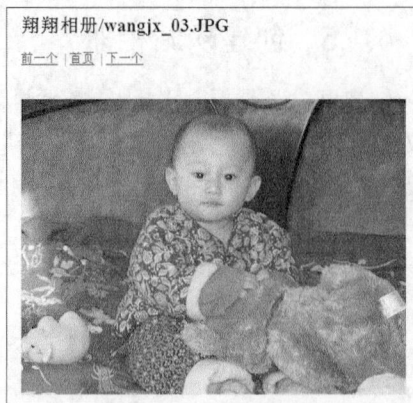

图4-15 打开该图像的放大图

4.2 使用媒体

媒体技术的发展使网页设计者能够轻松自如地在页面中加入声音、动画、影片等内容，使制作的网页充满了乐趣。在 Dreamweaver 8 中，媒体的内容包括 Flash 动画、图像查看器、Flash 视频、FlashPaper、Shockwave 影片、插件、Applet、ActiveX 等。下面介绍向网页中插入 Flash 动画、图像查看器的方法。

4.2.1 插入 Flash 动画

Flash 技术是实现和传递矢量图像和动画的首要解决方案，其播放器是 Flash Player，在常用计算机上，它可以作为 IE 浏览器的 ActiveX 控件，因此，Flash 动画可以直接在浏览器中播放。Flash 通常有 3 种文件格式：Flash 文件（.fla 格式）、Flash 影片文件（.swf 格式）和 Flash 视频文件（.flv 格式）。其中，Flash 文件是在 Flash 中创建的文件的源文件格式，不能直接在 Dreamweaver 中打开使用；Flash 影片文件是由 Flash 文件输出的影片文件，可在浏览器或 Dreamweaver 中打开使用；Flash 视频文件是 Flash 的一种视频文件，它包含经过编码的音频和视频数据，可通过 Flash Player 传送。在 Dreamweaver 8 中插入 Flash 动画的方法通常有以下 3 种。

- 选择【插入】/【媒体】/【Flash】命令。
- 在【插入】/【常用】工具栏中单击 ⬚▾（媒体）按钮，在弹出的下拉按钮组中单击 ⬚ 按钮。
- 在【文件】面板中选中文件，然后拖动到文档中。

下面通过具体操作介绍插入 Flash 动画的方法。

【例4-5】 插入 Flash。

操作步骤

(1) 打开文件 "index4-1.html"，将光标置于正文第 4 段开头，然后选择【插入】/【媒体】/【Flash】命令，打开【选择文件】对话框。

(2) 在对话框中选择要插入的 Flash 动画文件，如图 4-16 所示。

图4-16 【选择文件】对话框

(3) 单击 确定 按钮，将 Flash 动画插入到文档中。根据文件的尺寸，页面中会出现一个 Flash 占位符，如图 4-17 所示。

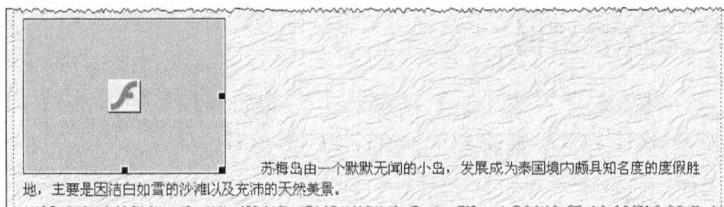

苏梅岛由一个默默无闻的小岛，发展成为泰国境内颇具知名度的度假胜地，主要是因洁白如雪的沙滩以及充沛的天然美景。

图4-17 插入 Flash 动画

(4) 在【属性】面板中确保已选中【循环】和【自动播放】两个复选框，同时设置其水平边距为 "5"，对齐方式为 "左对齐"，如图 4-18 所示。

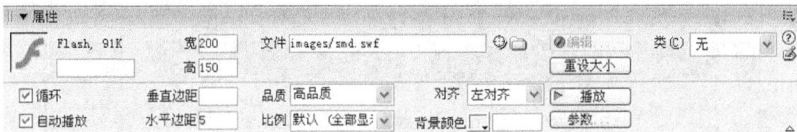

图4-18 设置 Flash 动画属性

下面对 Flash 动画【属性】面板中的相关选项进行简要说明。

- 【Flash】：为所插入的 Flash 文件命名，主要用于脚本程序的引用。
- 【宽】和【高】：用于定义 Flash 动画的显示尺寸，也可以通过在文档中拖动缩放手柄来改变其大小。
- 【文件】：用于指定 Flash 动画文件的路径。
- 【循环】：勾选该复选框，动画将在浏览器端循环播放。
- 【自动播放】：勾选该复选框，文档在被浏览器载入时，Flash 动画将自动播放。
- 【垂直边距】和【水平边距】：用于定义 Flash 动画边框与该动画周围其他内容之间的距离，以像素为单位。
- 【品质】：用来设定 Flash 动画在浏览器中的播放质量。
- 【比例】：用来设定 Flash 动画的显示比例。
- 【对齐】：设置 Flash 动画与周围内容的对齐方式。
- 【背景颜色】：用于设置当前 Flash 动画的背景颜色。
- 编辑... ：单击该按钮将在 Flash 中处理源文件，当然要确保有源文件 ".fla" 的存在。
- 重设大小 ：单击该按钮，将恢复 Flash 动画的原始尺寸。
- 播放 ：单击该按钮，将在设计视图中播放 Flash 动画。
- 参数... ：单击该按钮，将设置使 Flash 能够顺利运行的附加参数。

知 识 链 接

(5) 在【属性】面板中单击 [▶ 播放] 按钮，在页面中预览 Flash 动画效果，如图 4-19 所示，此时 [▶ 播放] 按钮变为 [■ 停止] 按钮。

(6) 保存文件。

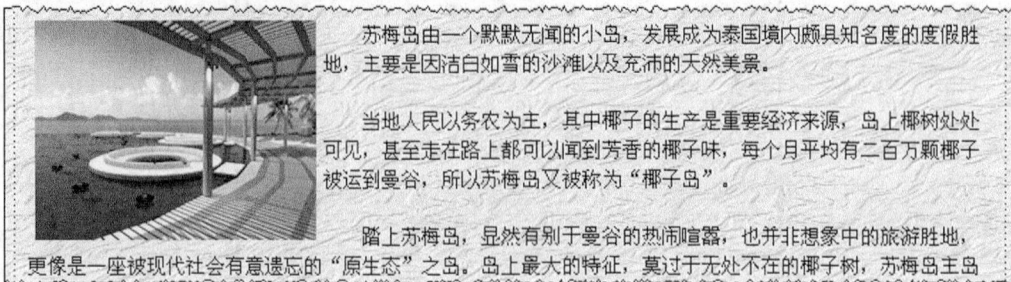

苏梅岛由一个默默无闻的小岛，发展成为泰国境内颇具知名度的度假胜地，主要是因洁白如雪的沙滩以及充沛的天然美景。

当地人民以务农为主，其中椰子的生产是重要经济来源，岛上椰树处处可见，甚至走在路上都可以闻到芳香的椰子味，每个月平均有二百万颗椰子被运到曼谷，所以苏梅岛又被称为"椰子岛"。

踏上苏梅岛，显然有别于曼谷的热闹喧嚣，也并非想象中的旅游胜地，更像是一座被现代社会有意遗忘的"原生态"之岛。岛上最大的特征，莫过于无处不在的椰子树，苏梅岛主岛

图4-19 在页面中预览 Flash 动画

通过上面的操作可以看到，在页面中插入 Flash 动画后，在其【属性】面板中将显示该 Flash 动画的基本属性。若对这些属性参数的设置不满意，可以继续修改，直到满意为止。

4.2.2 插入图像查看器

图像查看器是一种特殊形式的 Flash 动画，但它的插入和使用方法与 Flash 动画略有不同。下面介绍向网页中插入图像查看器的基本方法。

【例4-6】 插入图像查看器。

操作步骤

(1) 接上例。将光标置于正文第 5 段的结尾处，然后选择【插入】/【媒体】/【图像查看器】命令，打开【保存 Flash 元素】对话框，为新的 Flash 动画命名，如图 4-20 所示。

图4-20 【保存 Flash 元素】对话框

(2) 单击 [保存(S)] 按钮，在文档中插入一个 Flash 占位符，然后在【属性】面板中定义其宽度和高度分别为"200"和"150"，水平边距为"5"，对齐方式为"右对齐"，如图 4-21 所示。

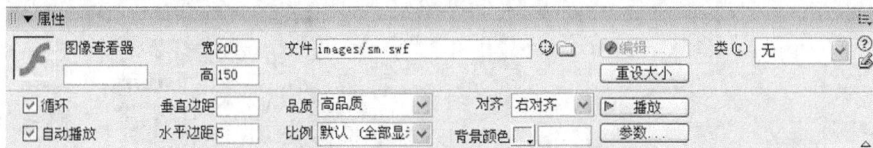

图4-21　图像查看器【属性】面板

(3) 在文档中右键单击 Flash 占位符，在弹出的快捷菜单中选择【编辑标签<object>】命令，打开【标签编辑器－object】对话框，切换至【替代内容】分类，然后在文本框内找到默认的图像文件路径名，如图 4-22 所示。

要点提示　　默认情况下，图像查看器只显示 "'img1.jpg','img2.jpg','img3.jpg'" 3 幅图像，如果有更多图像，可以按照同样的格式继续添加。

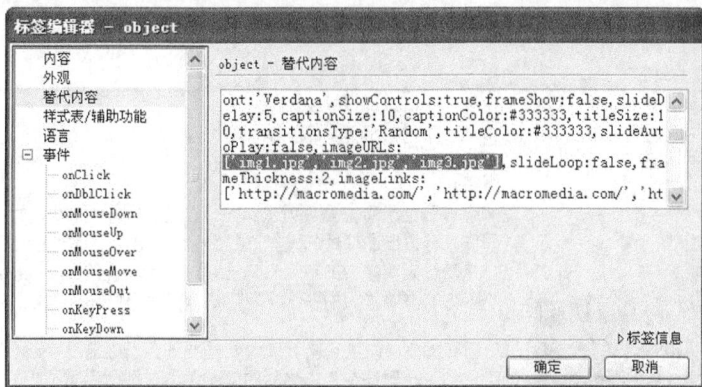

图4-22　【标签编辑器－object】对话框的【替代内容】分类

(4) 修改图像文件路径，使其可以显示预先准备好的图像，如图 4-23 所示。

要点提示　　由于图像文件在源代码中出现了两次，因此在修改图像文件路径时，要修改代码中所有图像文件的路径，这主要是针对不同型号的浏览器而采用不同的标签。

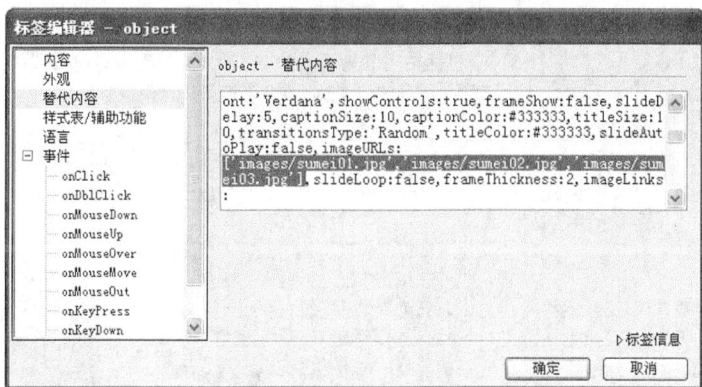

图4-23　修改图像文件路径

(5) 单击 确定 按钮，然后在【属性】面板中单击 ▷ 播放 按钮，预览效果如图 4-24 所示。

(6) 如果对图像查看器的参数设置不满意，可以选中图像查看器，然后在浮动面板组的【Flash 元素】面板中修改相关参数值，如图 4-25 所示。

图4-24 插入图像查看器

图4-25 【Flash 元素】面板

(7) 选择【文件】/【另存为】命令将文件保存为"index4-2.html",在浏览器中的效果如图 4-26 所示。

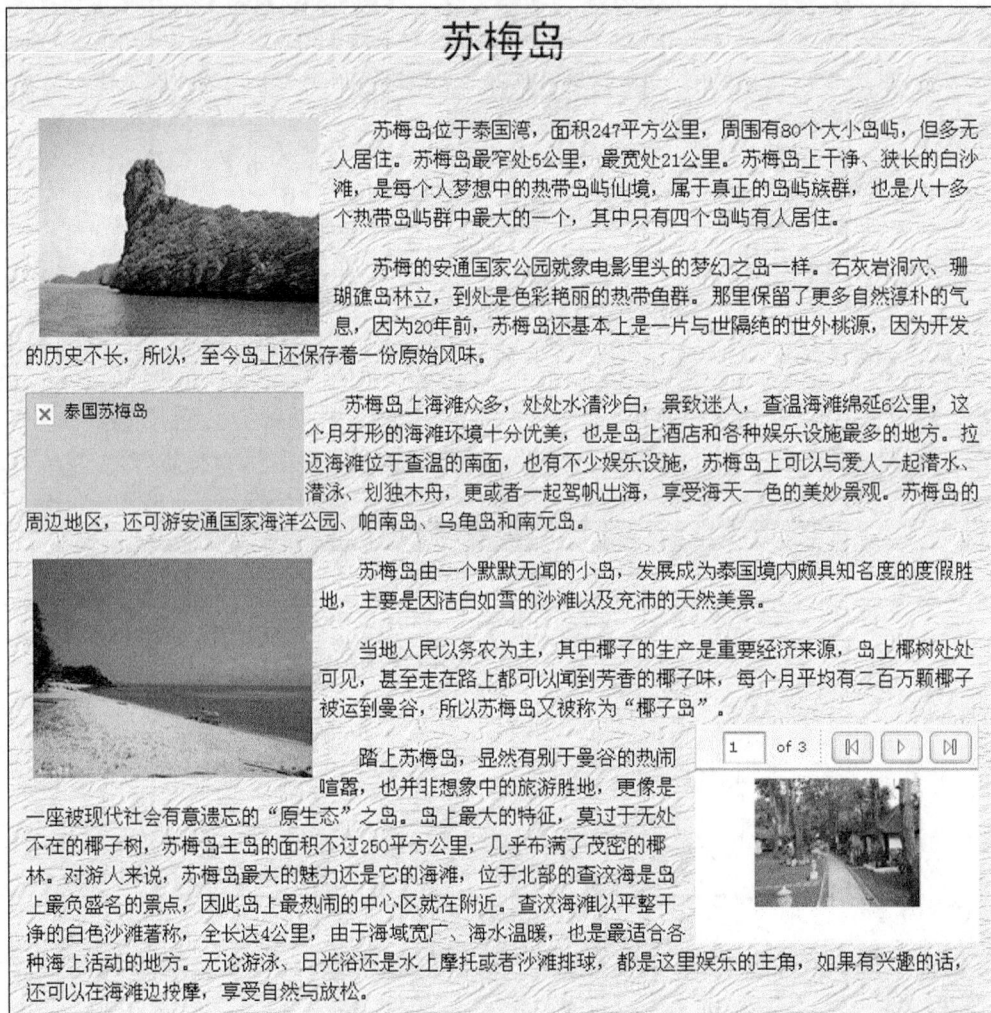

图4-26 浏览器中的效果

在图像查看器中有播放按钮和导航条,这对于包含大量图像的网站来说,提供了一种非常有效的处理方式,既节省了网页的空间,又丰富了网页的功能。

习题

1. 根据提示设置文档，最终效果如图 4-27 所示。

步骤提示

① 在正文第 2 段的开头处插入图像 "luguhu.jpg"。

② 设置其宽度为 "250"，高度为 "190"，替换文本为 "泸沽湖"，垂直边距为 "5"，水平边距为 "10"，对齐方式为 "左对齐"。

③ 在正文第 7 段的开头处插入 SWF 动画 "luguhu.swf"。

④ 设置其垂直边距为 "5"，水平边距为 "10"，对齐方式为 "左对齐"，循环自动播放。

泸沽湖

坐上开往泸沽湖的车，到达后去之前订好的客栈。客栈在草海和泸沽湖交界处的半岛尽端，虽然今年的草还没有长好，但已经可以嗅到草海的美丽。湖面上一丛丛翠绿的水草，远处的芦苇连成一条线，泛起金色的光泽，一只只木船点缀其间，与落日的余晖并行……而这幅美丽的画卷，就在我的窗前。

晚上入睡时伴着蛙声，清晨被鸟鸣叫醒，好像自己已经回归到自然的生物链中。看过日出，启程前往赵家湾。一路走下来可以从远近各个角度欣赏到泸沽湖的美景，湖面平静，湖水湛蓝，像一颗海蓝宝石镶嵌在群山中，而湖面上的海藻花则是一颗颗珍珠点缀其间。还有一种错觉，觉得水里的花朵是天上的星，跌落凡间，遇水绽放。可能是在水边玩的入神，险些迷路，还好即时返回大路上，翻过垭口，就是一处世外桃源。

赵家湾是个宁静的小村子，景色可圈可点。中午时分，坐在湖边的木板上，吃上一碗泡面，滋味甚至胜过城市中的满汉全席。在那时，吃什么已经变得不再重要，心填到了，什么都是山珍海味。

从赵家湾坐船，船老大带我们抄小路登上观景台，俯瞰整个湖面，顿时感觉海阔天空，烦恼不再。再乘船到里务必岛上的喇嘛寺，靠近这里都会让人觉得肃然起敬。泛舟回草海，被群山环抱，被湖水包围，离水面是如此的近，我可以切实的触摸她，感受她的美，横躺在船上，抬头仰望天空，和水面一样是清透的蓝，白色的云朵挂在头顶，好像伸出手就可以采下。

待到傍晚去五指落码头对面的山上看草海的全景，躺在干燥的草地上，打个盹儿，晒晒太阳，惬意～日落的时候，草海泛着金色的光芒，露出的水面像是画家随意勾画的线条，自然流畅。不知道是草海点缀了泸沽湖，还是泸沽湖的水面修饰了草海。

慢悠悠的生活节奏对于城市人来说再奢侈不过，但在泸沽湖睡懒觉是再正常不过的事儿，上午睡到自然醒，之后思格带我们一起去村里一户刚盖好新房的人家蹭吃流水席。院子里摆满了坚果等零食，每间房子里面都准备了满桌的菜，手中端着满满一杯苏里玛酒，感觉自己好像也变成了摩梭人，和亲友一起，共享喜悦。

下午和打渔的老伯一起去撒网打鱼，在草海间游走，真希望自己也可以变成一条鱼，游入湖水中，自由穿行其间，无拘无束。撒网回来后天就一直下雨，只有坐在酒吧里望着湖面上的水韵发呆，听着雨水打在窗上的声音，抑或是落在湖面上的声音。突然一声惊呼打破有韵律的雨声，"彩虹"，抬头望向不远处的水面，一如仙境一般，一道完整的彩虹就在眼前，待跑到外面才看清竟然是两道彩虹。第一次看到如此完整的彩虹，就像是水面上架起的一座飞桥，水面上映出的七种颜色清晰可辨，上面那道淡淡的彩虹与她交相辉映，远处的芦苇被光照成金色，远近都如此的耀眼。

晚上思格下厨给大家做了地道的四川火锅，之后继续喝酒唱歌。思格唱了首《别在金秋》送给明天就要离开的我，当唱到我名字的时候，我的眼泪在眼眶里打转，强忍住，因为这里只应有欢笑，没有哀伤。玩闹到12点，出门抬起头，望向那熟悉的星空，突然一颗流星从眼前划过，不知是真实还是酒后产生的幻觉，亦真亦幻，有什么重要呢？我想今晚我真的醉了，只是不知道是因为酒精的作用还是因为草海这醉人的星空。那夜睡的很晚，辗转难眠，为今夜的星空，为这里的宁静生活。

上午骑单车到走婚桥，一路阳光明媚，骑车从桥上走过，来过了也就来过了。下午坐车离开，傍晚时分到里格，现在的里格已经被客栈覆盖，在这里很少见到摩梭人，更多的是各地的游客。晚上坐在房间的露台上，这里的星星远没有草海的亮，月亮倒是泛起一圈光晕，不自觉地哼唱起那首《姑娘月亮》。

第二天一早，在车上挣扎着想再最后看一眼泸沽湖。我会带着这份思念离开，把她藏在心里，当思念满溢到我无法承受她重量的时候，我会回来，在那样的夜里，依偎在你的怀中，仰望头顶的星辰，就这样，不再离开。

图4-27 文档最终效果

2. 根据提示设置文档，最终效果如图 4-28 所示。

步骤提示

① 设置网页的背景图像为"bg.jpg"。

② 在正文第 1 段的开头处插入图像"monage.jpg"，并设置其宽度为"250"，高度为"150"，替换文本为"摩纳哥"，垂直边距为"5"，水平边距为"15"，对齐方式为"左对齐"。

③ 在正文第 3 段的结尾处插入 SWF 动画"monage.swf"，并设置边距为"5"，对齐方式为"右对齐"，且循环自动播放。

摩纳哥

摩纳哥是个袖珍小国，她的面积只有瑞士的两万分之一。如果说瑞士是一枚华贵的手表的话，那么摩纳哥无疑是一颗耀眼的钻石。摩纳哥人口3.2万，全国只有一个城市，就是首都摩纳哥。摩纳哥国民经济营业额达95亿欧元，摩纳哥人均收入超过了美国几十倍，这里是世界上最富有的国家之一。这里有蔚蓝色的海洋，一年300多天的充足日照，这里曾是吸引无数英国诗人为其吟诵的地方。所谓蒙特卡洛不过是个城中之城，她的名字来源和加拿大的蒙特利尔差不多，在法语和意大利语里的意思均为"国王之山"。

摩纳哥人没有自己的语言和货币，却经常发行新的邮票。他们还酷爱体育，一级方程式赛车每年五月在这里设立分站赛，以蒙特卡洛命名的国际汽车拉力赛也名闻遐迩。摩纳哥的足球俱乐部只能参加法国人的联赛了，它的主场一个球门在国内，另一个球门在国外。摩纳哥的国土几乎完全开凿在岩石上，不能撒种耕种，也没有梵蒂冈特殊的宗教地位，只有阳光、海水，它又凭什么从中世纪一直生存到现在而且处处风光无限？网上有一首摩纳哥的当地民谣。"摩纳哥，小的如同一个海胆，它却把高山和大海分隔，摩纳哥，建在岩石上的家园，无处撒种，不能收获，摩纳哥，有海水、阳光和智慧，我们照样生活。"

摩纳哥的王宫很小。据说，如果其中的一扇窗是打开的就说明国王在办公。王宫卫兵的换岗仪式——只有三个人，过程也很简单，落枪，敬礼，枪上肩，正步走。但表情严肃，一丝不苟。摩纳哥每年夏天吸引约300万游客来访，大多数逗留不超过一天。旅游业收入成为国家第一大经济收入来源。由于摩国实行的是深受有钱人喜爱的低税或免税政策，即个人收入，包括银行存款利息、房屋出租收入、工资等都无需纳税，另外外国人可以自由地在摩国存税而无须担心受到本国税务局的调查，所以许多国家的高收入者都将其居住地定为摩纳哥。由此而来的一个景观就是摩国百万富翁多，该国共有3920名百万富翁、360辆老斯莱斯汽车，另一方面该国物价昂贵，是欧洲最贵的国家之一。

摩国每年举办一站世界一级方程式大赛，在此每年可有4万车迷现场欣赏紧张的78圈赛事。门票在200美元以上，在巴黎大饭店度过一个周末要2500美元以上而且须提前一年预定，边看赛程边用一顿餐花费在500美元以上。摩纳哥人在赛车进行前后的一星期要饱尝橡胶和汽油味的刺激，但同时也可大赚一笔，届时商店的物价比平时贵三倍，一个带阳台可看到赛场的公寓房可租几千马克。摩纳哥赛车场地狭窄且多弯道，所以被称作一级方程赛中最困难的赛道。比赛时经常发生事故，赛时有80名医生携带40套急救设备和30辆救护车在旁待命。

图4-28 文档最终效果

3. 根据自己的爱好自行搜集素材，然后根据本章所学习知识设计制作网页。

第5章 创建超级链接

在网站中，众多网页是靠超级链接联系在一起的，没有超级链接，网站就失去了活力。本章将介绍在 Dreamweaver 8 中创建和设置超级链接的基本方法。

学习目标

- 了解文档位置和路径以及超级链接的分类。
- 掌握设置文本超级链接及其状态的方法。
- 掌握设置图像和热点超级链接的方法。
- 掌握设置电子邮件超级链接的方法。
- 掌握设置锚记超级链接的方法。
- 掌握设置鼠标经过图像和导航条的方法。
- 掌握设置脚本链接的方法。

5.1 认识超级链接

超级链接是指从一个网页指向一个目标的连接关系，这个目标可以是另一个网页，也可以是相同网页上的不同位置，还可以是一个图像文件、一个电子邮件地址、一个 Word 文件等。而在一个网页中，当浏览者单击已经链接的文字或图像后，链接目标将显示在浏览器上，并且根据目标的类型来打开或运行。

5.1.1 文档位置和路径

下面认识一下文档位置和路径的概念。了解从作为链接起点的文档到作为链接目标的文档之间的文件路径对于创建超级链接至关重要。

每个网页都有一个唯一的地址，称作统一资源定位器（URL）。不过，当创建本地超级链接（即从一个文档到同一站点内另一个文档的链接）时，通常不指定要链接到的文档的完整 URL，而是指定一个始于当前文档或站点根文件夹的相对路径。通常有以下 3 种类型的链接路径。

- 绝对路径，如 "http://www.wangys.com/news/china/20111015.html"。
- 文档相对路径，如 "china/20111015.html"。
- 站点根目录相对路径，如 "/news/china/20111015.html"。

使用 Dreamweaver，可以方便地选择要为超级链接创建的文档路径的类型。

5.1.2 超级链接的分类

超级链接通常由源端点和目标端点两部分组成。按照目标端点的不同，超级链接一般分为 3 种类型。

- 外部超级链接：是指链接目标位于站点以外，即其他站点的超级链接类型，创建该类超级链接时必须使用绝对路径。外部链接可以实现网站之间的跳转，从而将浏览范围扩大到整个网络。
- 内部超级链接：是指链接目标位于同一站点内的超级链接类型，创建该类超级链接时可以使用相对路径。
- 锚记超级链接：是指可以跳转到网页中某一指定位置的超级链接类型。

根据源端点的不同，超级链接也可分为 3 种类型。

- 文本超级链接：以文本作为超级链接载体。
- 图像超级链接：以图像作为超级链接载体。
- 表单超级链接：选择某个选项后会自动跳转到目标端点，或需要单击相应按钮自动跳转到目标端点。

5.2 普通超级链接

文本和图像超级链接是比较常见的超级链接形式，另外比较普通的超级链接还有图像热点超级链接、电子邮件超级链接、锚记超级链接等，下面进行简要介绍。

5.2.1 文本超级链接及其状态

用文本做链接载体，这就是通常意义上的文本超级链接，它是最常见的超级链接类型。在 Dreamweaver 8 中，创建文本超级链接比较常用的方式主要有两种。

- 在【属性】面板的【链接】文本框中进行设置。
- 通过【超级链接】对话框进行设置。

对于文本超级链接，还可以通过【页面属性】对话框设置不同状态下的文本颜色以及下画线样式等。下面通过具体操作介绍创建文本超级链接的基本方法。

【例5-1】 创建文本超级链接。

操作步骤

(1) 将素材文件复制到站点根文件夹下，然后打开文件 "index5.html"。

(2) 选中文本 "爱因斯坦逃学记"，然后在【属性】面板中单击【链接】文本框后面的 按钮，打开【选择文件】对话框，通过【查找范围】下拉列表选择要链接的网页文件 "Einstein1.html"，在【相对于】下拉列表中选择【文档】选项，如图 5-1 所示。

图5-1 【选择文件】对话框

(3) 单击 ▭确定▭ 按钮返回到【属性】面板，然后在【目标】下拉列表中选择目标窗口打开方式，如图 5-2 所示。

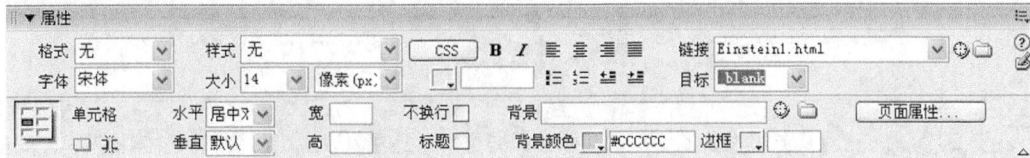

图5-2　通过【属性】面板设置超级链接

(4) 选中文本"更多"，然后选择【插入】/【超级链接】命令，打开【超级链接】对话框，在【链接】下拉列表中输入地址"http://www.baidu.com"，在【目标】下拉列表中选择"_blank"，在【标题】文本框中输入当鼠标指针经过链接时的提示信息"通过百度搜索更多相关内容"，如图 5-3 所示。

图5-3　【超级链接】对话框

(5) 单击 ▭确定▭ 按钮完成超级链接的设置。

(6) 在【属性】面板中单击 ▭页面属性...▭ 按钮，打开【页面属性】对话框，切换至【链接】分类。

(7) 单击【链接颜色】选项右侧的▭图标，打开调色板，然后选择一种合适的颜色，也可直接在右侧的文本框中输入颜色代码，如"#0000FF"。

(8) 用相同的方法为【已访问链接】、【变换图像链接】和【活动链接】选项设置不同的颜色。

(9) 在【下划线样式】下拉列表中选择【仅在变换图像时显示下划线】选项，如图 5-4 所示。

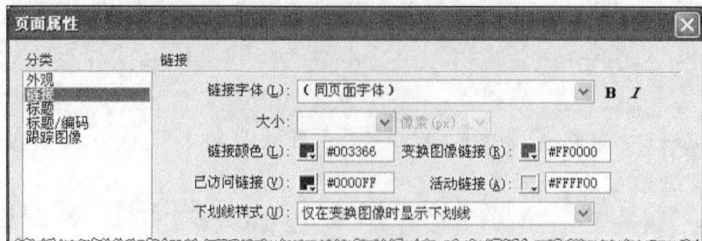

图5-4 设置文本超级链接状态

要点提示 在【页面属性】对话框的【链接】分类中，还可以设置链接文本的字体和大小，如果不希望链接有下画线，可以在【下划线样式】下拉列表中选择【始终无下划线】选项。

(10) 设置完成后单击 确定 按钮关闭对话框。

知识链接 在实际应用中，链接目标也可以是其他类型的文件，如 RAR 压缩文件、Word 文件等，这就是下载超级链接。有时也会用到空链接，它是一个未指派目标的链接。建立空链接的目的通常是激活页面上的对象或文本。添加空链接的方法是，在【属性】面板的【链接】文本框中输入"#"即可。

5.2.2 图像和图像热点超级链接

用图像作为链接载体，这就是通常意义上的图像超级链接。图像超级链接不像文本超级链接那样会发生许多提示性的变化，图像本身不会发生改变，只是鼠标指针在指向图像超级链接时会变成手形（默认状态）。

图像热点（或称图像热区、图像地图）实际上就是为图像绘制一个或几个特殊区域，并为这些区域添加链接。下面具体介绍创建图像和图像热点超级链接的方法。

【例5-2】 创建图像和图像热点超级链接。

操作步骤

(1) 接上例。选中第 1 幅图像 "images/01.jpg"，如图 5-5 所示。

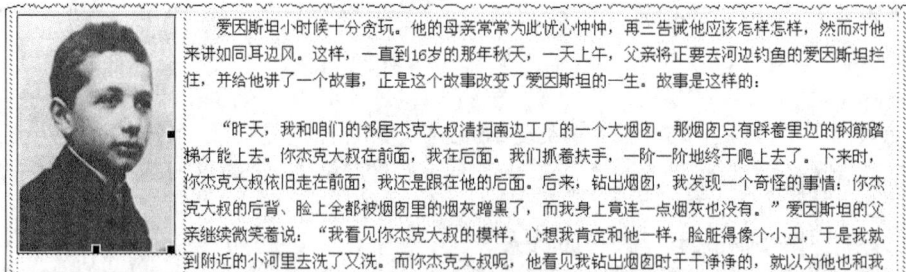

图5-5 选中图像

(2) 在【属性】面板中通过单击【链接】文本框后面的 □ 按钮将链接目标设置为 "03.html"，然后在【目标】下拉列表中选择 "_blank"，如图 5-6 所示。

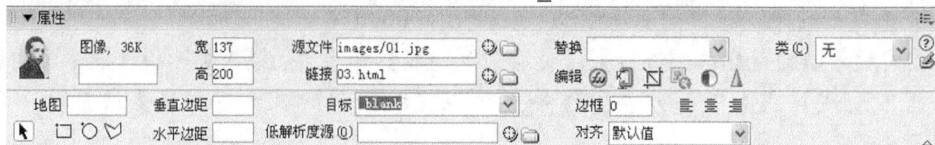

图5-6 创建图像超级链接

> **要点提示** 将图像的边框设置为**"0"**，这样在为图像设置超级链接时，图像周围就不会出现带有颜色的边框了。

(3) 选中第 2 幅图像 "images/02.jpg"，然后在【属性】面板中单击左下方的□（矩形热点工具）按钮，并将鼠标指针移到图像上，按住鼠标左键绘制一个矩形区域，如图 5-7 所示。

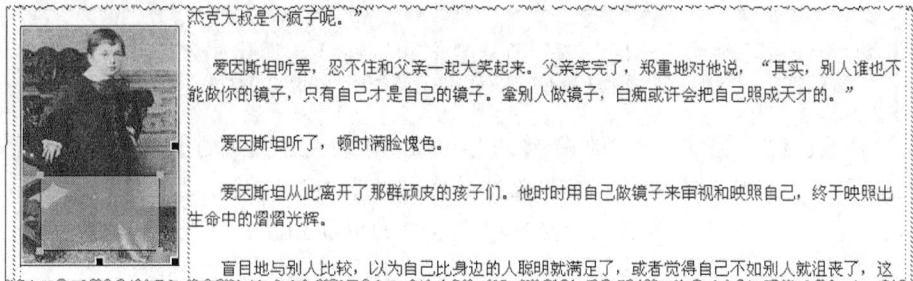

图5-7 绘制矩形区域

> **知识链接** 图像热点工具位于【属性】面板的左下方，包括□（矩形热点工具）、○（椭圆形热点工具）、▽（多边形热点工具）3 种形式。日常所说的图像超级链接是指将一幅图像指向一个目标的链接，而使用图像热点技术形成的图像热点超级链接是在一幅图像中划分出几个不同的区域并分别指向不同目标的链接。

(4) 在【属性】面板中设置链接地址、目标窗口，如图 5-8 所示。

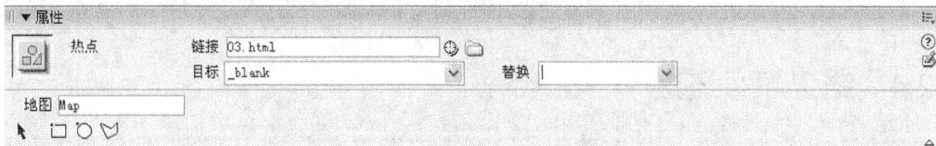

图5-8 设置图像地图的属性参数

> **知识链接** 要编辑图像地图，可以利用【属性】面板中的 ▶（指针热点工具）按钮，该工具可以对已经创建好的图像地图进行移动，调整大小或层之间的向上、向下、向左、向右移动等操作。

5.2.3 电子邮件超级链接

电子邮件超级链接与一般的文本和图像链接不同，因为单击电子邮件链接后要将浏览者的本地电子邮件管理软件（如 Outlook Express、Foxmail 等）打开，而不是向服务器发出请求，因此它的添加步骤也与普通链接有所不同。下面介绍设置电子邮件超级链接的基本方法。

【例5-3】 创建电子邮件超级链接。

操作步骤

(1) 接上例。将光标置于最后一行文本 "您的意见和建议:" 的后面，然后选择【插入】/【电子邮件】命令，打开【电子邮件链接】对话框。

(2) 在【文本】文本框中输入在文档中显示的信息，在【E-mail】文本框中输入电子邮箱的完整地址，这里均输入 "2011@163.com"，如图 5-9 所示。

(3) 单击 确定 按钮，一个电子邮件链接就创建好了，如图 5-10 所示。

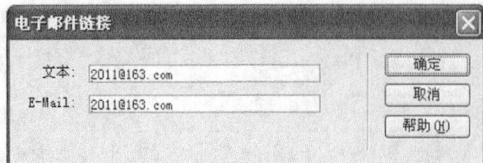

图5-9 【电子邮件链接】对话框

图5-10 电子邮件超级链接

> **要点提示** 如果已经预先选中了文本，在【电子邮件链接】对话框的【文本】文本框中会自动出现该文本，这时只需在【E-mail】文本框中填写电子邮件地址即可。

如果要修改已经设置的电子邮件链接的 E-mail，可以通过【属性】面板进行重新设置。

(4) 将光标置于电子邮件链接文本上，此时在【属性】面板中显示已经设置的 E-mail，如图 5-11 所示，用户可以对其进行修改以设置新的 E-mail。

图5-11 电子邮件链接【属性】面板

> **要点提示** 在设置电子邮件链接时，也可以先选中需要添加链接的图像或文本，然后在【属性】面板的【链接】文本列表框中直接输入电子邮件地址，并在其前面加一个前缀"mailto:"。

5.2.4 锚记超级链接

使用锚记超级链接不仅可以跳转到当前网页中的指定位置，还可以跳转到其他网页中指定的位置。创建锚记超级链接，首先需要在文档中命名锚记，然后在【属性】面板中设置指向这些锚记的超级链接来链接到文档的特定部分。下面介绍创建和设置锚记超级链接的具体方法。

【例5-4】 创建和设置锚记超级链接。

操作步骤

(1) 接上例。打开文档"Einstein2.html"，将光标置于正文中的"少年时代"的后面，然后选择【插入】/【命名锚记】命令，打开【命名锚记】对话框。

(2) 在【锚记名称】文本框中输入"a"，单击 确定 按钮，在文档光标位置便插入了一个锚记，如图 5-12 所示。

图5-12 命名锚记

(3) 按照相同的步骤为正文中的"早期工作"、"1905 年的奇迹"、"广义相对论的探索"、"科学成就的第二个高峰"分别添加命名锚记"b"、"c"、"d"、"e"，并保存文档。

(4) 在文档 "index5.html" 顶部目录中选中文本 "少年时代"，然后在【属性】面板的【链接】下拉列表中输入 "Einstein2.html#a"，然后在【目标】下拉列表中选择 "_blank"，如图 5-13 所示。

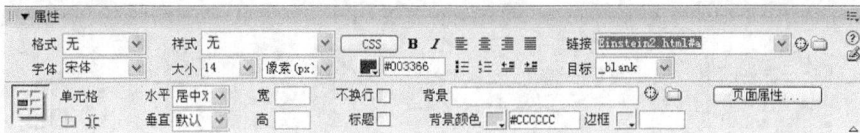

图5-13 设置锚记超级链接

(5) 运用以上介绍的方法分别设置 "早期工作"、"1905 年的奇迹"、"广义相对论的探索"、"科学成就的第二个高峰" 的锚记超级链接。

(6) 选择【文件】/【另存为】命令将文件保存为 "index5-1.html"。

>
> 如果链接的目标锚记位于当前网页中，需要在【属性】面板的【链接】文本框中输入一个 "#" 符号，然后输入链接的锚记名称，如 "#a"。如果链接的目标锚记在其他网页中，则需要先输入该网页的 URL 地址和名称，然后再输入 "#" 符号和锚记名称，如 "Einstein2.html#a"、"yx/20110126.html#b"、"http://www.yx.com/yx/20080326.html#b" 等。

5.3 特殊超级链接

下面介绍鼠标经过图像、导航条和脚本链接，它们是比较特殊的超级链接形式。

5.3.1 鼠标经过图像

鼠标经过图像是基于图像的比较特殊的链接形式，属于图像对象的范畴。下面介绍设置鼠标经过图像的具体方法。

【例5-5】 设置鼠标经过图像。

操作步骤

(1) 接上例。将光标置于文档的第 3 行单元格中，然后选择【插入】/【图像对象】/【鼠标经过图像】命令，打开【插入鼠标经过图像】对话框。

(2) 在【图像名称】文本框内输入图像文件的名称，这个名称是自定义的。

(3) 单击【原始图像】和【鼠标经过图像】文本框右边的 浏览... 按钮，添加这两个状态下的图像文件的路径。

(4) 在【按下时，前往的 URL】文本框内设置所指向文件的路径，如图 5-14 所示。

图5-14 【插入鼠标经过图像】对话框

(5) 单击 确定 按钮插入鼠标经过图像，如图 5-15 所示。

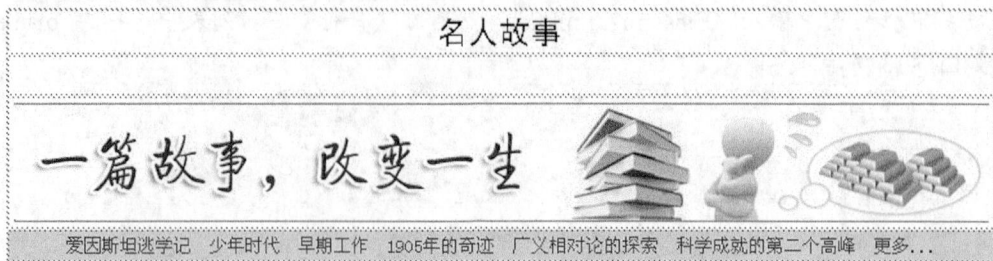

名人故事

一篇故事，改变一生

爱因斯坦逃学记　少年时代　早期工作　1905年的奇迹　广义相对论的探索　科学成就的第二个高峰　更多…

图5-15　插入鼠标经过图像

(6) 保存文档并在浏览器中预览，当鼠标指针放在图像上面时，效果如图 5-16 所示。

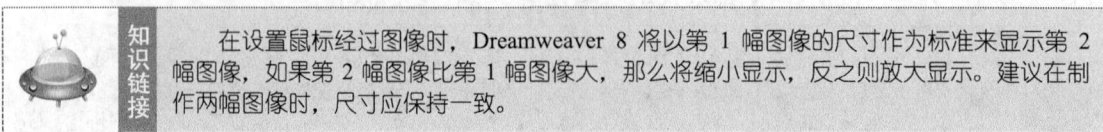

> **知识链接**　　在设置鼠标经过图像时，Dreamweaver 8 将以第 1 幅图像的尺寸作为标准来显示第 2 幅图像，如果第 2 幅图像比第 1 幅图像大，那么将缩小显示，反之则放大显示。建议在制作两幅图像时，尺寸应保持一致。

名人故事

终身阅读，一生受益

爱因斯坦逃学记　少年时代　早期工作　1905年的奇迹　广义相对论的探索　科学成就的第二个高峰　更多…

图5-16　预览效果

5.3.2　导航条

　　导航条也是基于图像的比较特殊的链接形式，属于图像对象的范畴。下面介绍设置导航条的具体方法。

【例5-6】　设置导航条。

操作步骤

(1) 接上例。将光标置于文档的第 2 行单元格中，然后选择【插入】/【图像对象】/【导航条】命令，打开【插入导航条】对话框。

(2) 在【插入导航条】对话框的【项目名称】文本框内输入图像名称，如"nav01"，建议不用中文。

(3) 单击【状态图像】文本框右侧的 浏览… 按钮，为状态图像设置路径。

(4) 依次为【鼠标经过图像】、【按下图像】、【按下时鼠标经过图像】选项设置具体的文件路径，本例只设置【鼠标经过图像】选项的路径。

(5) 在【按下时，前往的 URL】文本框内设置所指向的文件路径。

(6) 勾选【预先载入图像】复选框。

(7) 在【插入】下拉列表中选择"水平"或"垂直"方向，这里选择"水平"。

(8) 勾选【使用表格】复选框，导航条将被放在表格内，如图 5-17 所示。

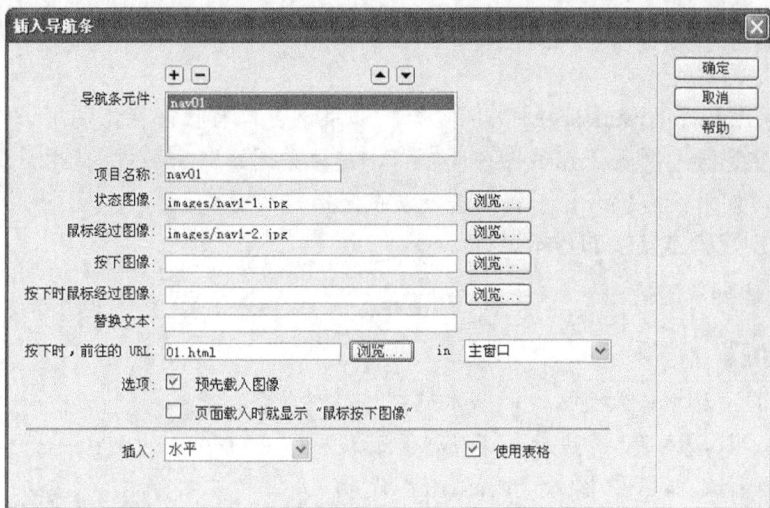

图5-17 【插入导航条】对话框

(9) 单击对话框上方的 + 按钮，继续添加导航条中的其他图像。

(10) 创建完成后，单击 确定 按钮关闭对话框，文档中就添加了具有图像翻转功能的导航条，如图 5-18 所示。

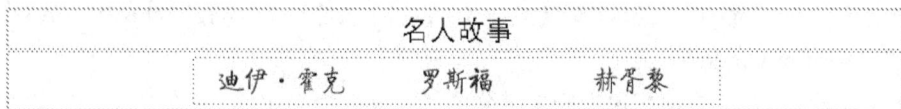

图5-18 插入的导航条

> **知识链接** 制作导航条时不一定要全部包括 4 种状态的导航条图像，即使只有"一般状态图像"和"鼠标经过图像"，也可以创建一个导航条，不过最好还是将 4 种状态的图像都包括，这样会使导航条看起来更生动一些。

5.3.3 脚本链接

超级链接不仅可以用来实现页面之间的跳转，也可以用来直接调用 JavaScript 语句。这种单击链接便执行 JavaScript 语句的超级链接通常称为 JavaScript 链接。创建 JavaScript 链接的方法是，首先选定文本或图像，然后在【属性】面板的【链接】文本框中输入"JavaScript:"，后面跟一些 JavaScript 代码或函数调用即可。

下面对经常用到的 JavaScript 代码进行简要说明。

- JavaScript:alert('字符串')：弹出一个只包含【确定】按钮的对话框，显示"字符串"的内容，整个文档的读取、Script 的运行都会暂停，直到用户单击"确定"为止。
- JavaScript:history.go(1)：前进，与浏览器窗口上的"前进"按钮是等效的。
- JavaScript:history.go(-1)：后退，与浏览器窗口上的"后退"按钮是等效的。
- JavaScript:history.forward(1)：前进，与浏览器窗口上的"前进"按钮是等效的。
- JavaScript:history.back(1)：后退，与浏览器窗口上的"后退"按钮是等效的。
- JavaScript:history.print()：打印，与在浏览器菜单栏中选择【文件】/【打印】命令是一样的。

- JavaScript:window.external.AddFavorite('http://www.laohu.net','老虎工作室'): 收藏指定的网页。
- JavaScript:window.close(): 关闭窗口。如果该窗口有状态栏，调用该方法后浏览器会警告"网页正在试图关闭窗口，是否关闭？"，然后等待用户选择是否关闭；如果没有状态栏，调用该方法将直接关闭窗口。

下面介绍创建脚本链接的基本过程。

【例5-7】 创建脚本链接。

操作步骤

(1) 接上例。在文档中输入文本"收藏本站"。

(2) 选中文本"收藏本页"，然后在【属性】面板的【链接】文本框中输入 JavaScript 代码 "JavaScript:window.external.AddFavorite('http://www.yx.net','名人故事')"，如图 5-19 所示。

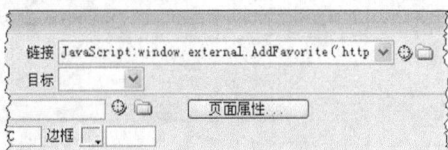

图5-19　创建收藏链接

(3) 选中文本"打印本页"，然后在【属性】面板的【链接】文本框中输入 JavaScript 代码 "JavaScript:history.print()"。

(4) 选中文本"关闭窗口"，然后在【属性】面板的【链接】文本框中输入 JavaScript 代码 "JavaScript:window.close()"。

(5) 选择【文件】/【另存为】命令将文件保存为"index5-2.html"，在浏览器中的效果如图 5-20 所示。

图5-20　在浏览器中的效果

习题

1. 根据提示设置超级链接，最终效果如图 5-21 所示。

中国十大名胜古迹

| 一 万里长城 | 二 桂林山水 | 三 杭州西湖 | 四 北京故宫五 | 五 苏州园林 | 使用 百度 搜索更多内容 |
| 六 安徽黄山 | 七 长江三峡 | 八 台湾日月潭 | 九 承德避暑山庄 | 十 秦陵兵马俑 | |

"中国十大名胜古迹"是指1985年由中国旅游报社于当年9月9日评选出的十个风景名胜区。

一 万里长城

万里长城，是中国伟大的军事建筑，它规模浩大，被誉为古代人类建筑史上的一大奇迹。万里长城主要景观有八达岭长城、慕田峪长城、司马台长城、山海关、嘉峪关、虎山长城、九门口长城等。其中位于北京昌平的八达岭长城是明长城中保存最完好，最具代表性的一段。这里是重要关口居庸关的前哨，地势险要，历来是兵家必争之地。登上这里的长城，可以居高临下，尽览崇山峻岭的壮丽景色。迄今为止，已有三百多位知名人士到此游览。

二 桂林山水

桂林位于广西东北部，南岭山系西南部，属典型的"喀斯特"岩溶地貌，遍布全市的石灰岩经亿万年的风化浸蚀，形成了千峰环立、一水抱城、洞奇石美的独特景观，被世人美誉为"桂林山水甲天下"。桂林两千多年的历史，使它具有丰厚的文化底蕴。在漫长的岁月里，桂林的奇山秀水吸引着无数的文人墨客，使他们写下了许多脍炙人口的诗篇和文章，刻下了两千余件石刻和壁书。另外，历史还在这里留下了许多古迹遗址。这些独特的人文景观，使桂林得到了"游山如读史，看山如观画"的赞誉。

三 杭州西湖

杭州西湖日称武林水、钱塘湖、西子湖，宋代始称西湖。苏堤和白堤将湖面分成里湖、外湖、岳湖、西里湖和小南湖五个部分。西湖历史上除有"钱塘十景"、"西湖十八景"之外，最著名的是南宋定名的"西湖十景"和1985年评出的"新西湖十景"。在以西湖为中心的60平方公理的园林风景区内，分布著风景名胜40多处，重点文物古迹30多处。西湖风景主要以一湖、二峰、三泉、四寺、五山、六园、七洞、八墓、九溪、十景为胜。

图5-21 最终效果

步骤提示

① 设置文本"百度"的链接地址为"http://www.baidu.com"，打开目标窗口的方式为在新窗口中打开，提示文本为"到百度检索"。

② 设置网页中第 1 幅图像"01.jpg"的链接目标文件为"changcheng.html"，打开目标窗口的方式为在新窗口中打开，替换文本为"长城"，边框为"0"。

③ 为文本"联系我们"添加电子邮件超级链接，链接地址为"us@163.com"。

④ 在正文中每个小标题的后面依次添加锚记"a"、"b"、"c"、"d"、"e"、"f"、"g"、"h"、"i"和"j"，然后给文档标题"中国十大名胜古迹"下面的导航文本依次添加锚记超级链接，分别链接到正文中相应内容部分。

⑤ 设置链接颜色和已访问链接颜色均为"#036"，变换图像链接颜色为"#F00"，且仅在变换图像时显示下画线。

2. 根据提示设置超级链接，最终效果如图 5-22 所示。

图5-22 最终效果

① 在图像"huangguoshu.jpg"上创建 4 个圆形热点超级链接，分别指向文件"dapubu.html"、"tianxingqiao.html"、"doupotang.html"、"shitouzhai.html"，打开目标窗口的方式均为在新窗口中打开。

② 为"黄果树瀑布群"等导航文本添加超级链接，仍然分别指向文件"dapubu.htm"、"tianxingqiao.html"、"doupotang.html"、"shitouzhai.html"，打开目标窗口的方式均为在新窗口中打开。

③ 为图像"hgshu.jpg"添加超级链接，目标文件为"hgshu.htm"，打开目标窗口的方式为在新窗口中打开。

④ 在文本"联系我们："后添加电子邮件超级链接，链接文本和地址均为"wjx@tom.com"。

⑤ 设置链接颜色和已访问链接颜色均为"#000"，变换图像链接颜色为"#F00"，且仅在变换图像时显示下画线。

3. 根据自己的爱好自行搜集素材，然后根据本章所学习知识设计制作网页。

在 Dreamweaver 中，表格不仅可以用来存放数据，还可以用来定位网页元素，也就是网页布局。本章将介绍在 Dreamweaver 8 中插入、编辑和设置表格的基本方法。

- 掌握插入表格的基本方法。
- 掌握设置表格和单元格属性的方法。
- 掌握表格增加行列或删除行列的方法。
- 掌握合并和拆分单元格的方法。
- 掌握使用表格布局网页的方法。

6.1 创建表格

表格在用于学习、工作和生活等方面时，能够简明清晰地表达所要表达的东西。下面介绍插入表格的基本方法。

6.1.1 认识表格

表格是用于在 HTML 页上显示表格式数据以及对文本和图形进行布局的强有力的工具。表格由一行或多行组成，每行又由一个或多个单元格组成。虽然 HTML 代码中通常不明确指定列，但 Dreamweaver 允许用户操作列、行和单元格。

当选定了表格或将光标置于表格中时，Dreamweaver 会显示表格宽度和每个表格列的列宽。宽度旁边是表格标题菜单与列标题菜单的箭头，使用菜单可以快速访问一些与表格相关的常用命令。如果未显示表格的宽度或列的宽度，说明没有在 HTML 代码中指定该表格或列的宽度。如果出现两个数字，说明【设计】视图中显示的可视宽度与 HTML 代码中指定的宽度不一致，当拖动表格的右下角来调整表格的大小，或添加的内容超过了单元格设置的宽度时会发生这种情况。例如，如果将某列的宽度设置为 112 像素，而添加的内容将宽度延长为 119 像素，则该列将显示两个数字：112（119），其中"112"表示代码中指定的宽度，"119"位于括号中，表示该列呈现在屏幕上的可视宽度，如图 6-1 所示。

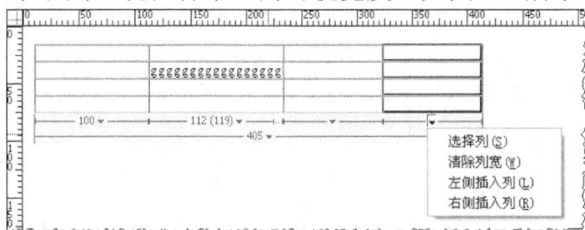

图6-1 表格

6.1.2 插入表格

表格是由行和列组成的，行和列又是由单元格组成的，单元格是组成表格的最基本单位。单元格之间的间隔称为单元格间距，单元格内容与单元格边框之间的间隔称为单元格边距（或填充）。表格边框可以设置粗细、颜色等属性。下面通过具体操作介绍插入表格的基本方法。

【例6-1】 插入表格。

操作步骤

(1) 将素材文件复制到站点根文件夹下，然后打开文档"index6.html"。

(2) 将光标置于文档中，然后在菜单栏中选择【插入】/【表格】命令，打开【表格】对话框进行参数设置，如图 6-2 所示。

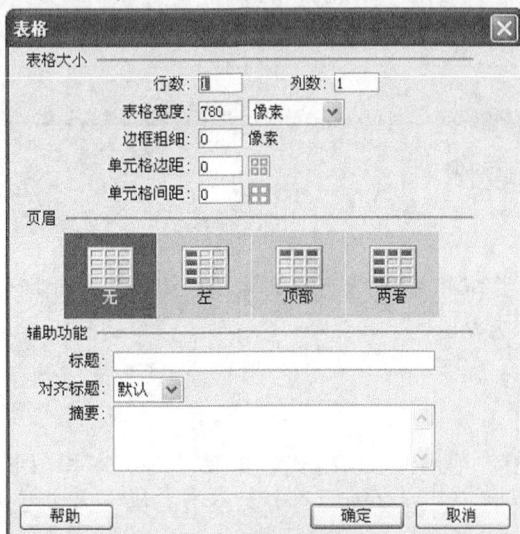

图6-2 【表格】对话框

> 知识链接
>
> 【表格】对话框分为【表格大小】、【页眉】和【辅助功能】3 个部分。
> - 【表格大小】栏：可以设置表格基本参数。其中表格宽度的单位有"像素"和"百分比"两种，以"像素"为单位设置表格宽度，表格的绝对宽度将保持不变；以"百分比"为单位设置表格宽度，表格的宽度将随浏览器的大小变化而变化。边框粗细、单元格边距和单元格间距均以"像素"为单位。
> - 【页眉】栏：可以对表格的行标题或列标题进行设置，因为在组织数据表格时，通常有一行或一列是标题文字，然后才是相应的数据。
> - 【辅助功能】栏：可以设置整个表格的标题、对齐方式、说明文字等。

(3) 单击 确定 按钮插入一个表格，如图 6-3 所示。

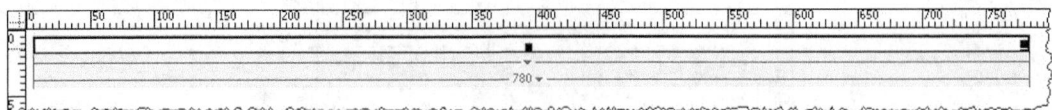

图6-3 插入表格

(4) 在【插入】/【常用】面板中单击 按钮继续插入表格，参数设置如图 6-4 所示。

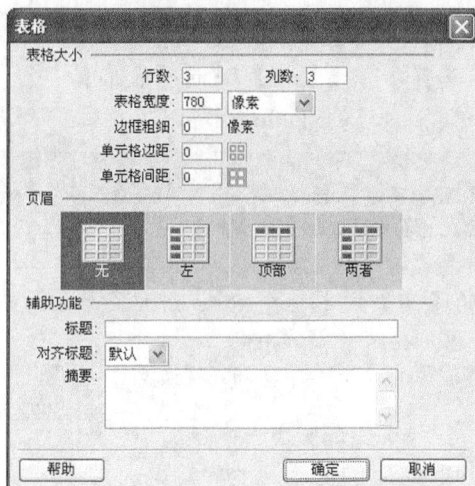

图6-4 【表格】对话框

> **要点提示**
> 　　表格可以设置边框粗细，在使用表格进行页面布局时，表格边框通常设置为"0"，此时单元格边框也自动为"0"，当表格边框设置为大于"0"的任意数值时，单元格边框虽然不再为"0"，但却始终是固定粗细。

(5) 在【插入】/【布局】面板中单击 ▦ 按钮插入第 3 个表格，参数设置同图 6-1，效果如图 6-5 所示。

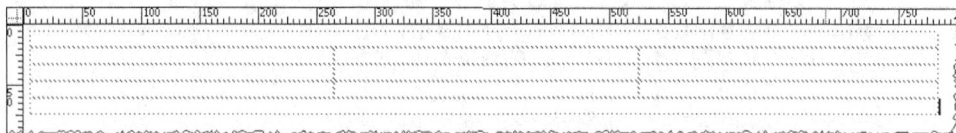

图6-5 插入的表格

> **要点提示**
> 　　如果要在一个表格的后面继续插入表格，首先需要使前一个表格处于选中状态或将光标置于前一个表格的后面。插入表格时，表格自动处于选中状态。

案例小结

上面介绍了打开【表格】对话框的 3 种常用方法，读者不妨多加练习。

- 选择【插入】/【表格】命令。
- 在【插入】/【常用】面板中单击 ▦ 按钮。
- 在【插入】/【布局】面板中单击 ▦ 按钮。

6.1.3　设置表格属性

插入表格后可以根据实际需要重新设置表格的相关属性，包括行数、列数、宽度、高度、填充（也称边距）、间距、边框、对齐方式、背景颜色、背景图像、边框颜色等。下面介绍设置表格属性的方法。

【例6-2】 设置表格属性。

操作步骤

(1) 接上例。将光标置于第 1 个表格内，然后使用以下任意一种方式选中表格。

- 选择菜单命令【修改】/【表格】/【选择表格】。
- 在右键快捷菜单中选择命令【表格】/【选择表格】。
- 单击文档窗口左下角相对应的<table>标签。

表格的 HTML 标签是<table>，表格行的 HTML 标签是<tr>，标题单元格的 HTML 标签是<th>，数据单元格的 HTML 标签是<td>。

(2) 在表格【属性】面板的【高】文本框中输入"70"，单位为"像素"，在【对齐】下拉列表中选择"居中对齐"，如图 6-6 所示。

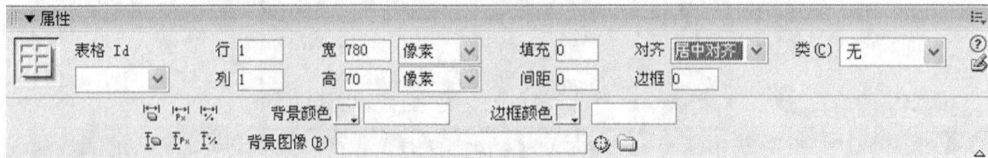

图6-6 【属性】面板

下面对表格【属性】面板中与【表格】对话框不同的参数作简要说明。
- 【表格】：设置表格 ID 名称，在创建表格高级 CSS 样式时会用到。
- 【高】：设置表格的高度。
- 【对齐】：设置表格的对齐方式，如"左对齐"、"右对齐"和"居中对齐"。
- 【类】：设置表格的 CSS 样式表的类样式，在介绍 CSS 样式时会详细介绍。
- 【背景颜色】：设置表格的背景颜色。
- 【背景图像】：设置表格的背景图像。
- 【边框颜色】：设置表格的边框颜色。
- 和 按钮：清除表格的行高和列宽。
- 和 按钮：根据当前值将表格宽度转换成像素或百分比。
- 和 按钮：根据当前值将表格高度转换成像素或百分比。

(3) 选中第 2 个表格，设置表格高度为"330 像素"，对齐方式为"居中对齐"，如图 6-7 所示。

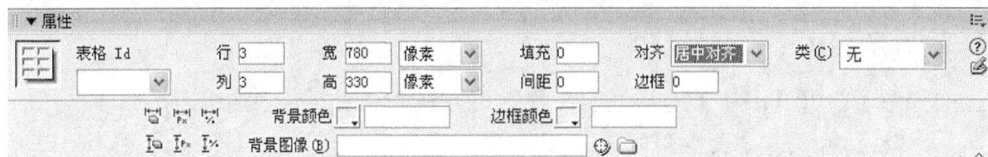

图6-7 【属性】面板

(4) 选中第 3 个表格，设置表格高度为"35 像素"，对齐方式为"居中对齐"，如图 6-8 所示。

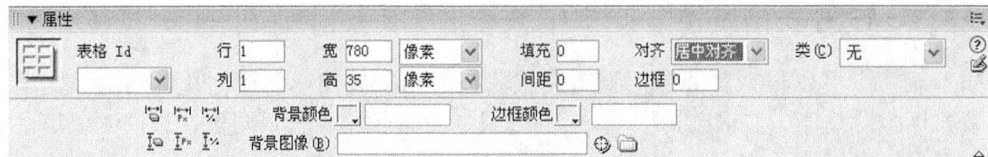

图6-8 【属性】面板

插入表格时通过【表格】对话框设置的参数，在表格【属性】面板中可以进行修改，如行数、列数等，也就是重新定义其值。

6.1.4 设置单元格属性

在设置单元格属性时，经常需要进行选择行、列或单元格的操作，因为只有先选择才能设置其属性。选择方法概括如下。

1. 选择行或列

选择表格的行或列常用的方法有以下几种。

- 当鼠标指针位于欲选择的行首或列顶并变成黑色箭头形状时，单击鼠标左键便可选择该行或该列，如图 6-9 所示。如果按住鼠标左键并拖曳，可以选择连续的行或列，也可以按住 Ctrl 键依次单击欲选择的行或列，这样可以选择不连续的多行或多列。

图6-9 通过单击选择行或列

- 按住鼠标左键从左至右或从上至下拖曳，将选择相应的行或列，如图 6-10 所示。

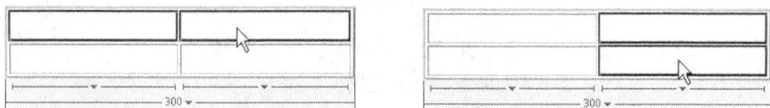

图6-10 通过拖曳选择行或列

- 将光标定位到欲选择的行中，单击文档窗口左下角的 "<tr>" 标签选择该行。

2. 选择单元格

选择单个单元格的方法有以下两种。

- 将光标置于单元格内，然后按住 Ctrl 键，单击单元格可以将其选择。
- 将光标置于单元格内，然后单击文档窗口左下角的<td>标签将其选择。

选择相邻单元格的方法有以下两种。

- 在开始的单元格中按住鼠标左键并拖曳到最后的单元格。
- 将光标置于开始的单元格内，然后按住 Shift 键不放单击最后的单元格。

选择不相邻单元格的方法有以下两种。

- 按住 Ctrl 键，依次单击欲选择的单元格。
- 按住 Ctrl 键，在已选择的连续单元格中依次单击欲去除的单元格。

【例6-3】 设置单元格属性。

操作步骤

(1) 接上例。将光标置于第 1 个表格的单元格内，然后在【水平】下拉列表中选择"居中对齐"，如图 6-11 所示。

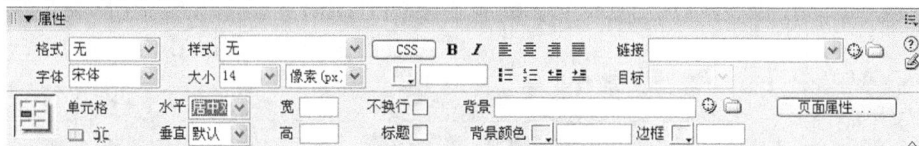

图6-11 单元格【属性】面板

设置表格的行、列或单元格属性要先选择行、列或单元格，然后在【属性】面板中进行设置。行、列、单元格的【属性】面板都是一样的，唯一不同的是左下角的名称，如行、列或单元格。单元格【属性】面板中，上半部分用于设置单元格内文本的属性，下半部分用于设置单元格的属性。下面对单元格【属性】面板中的相关参数说明如下。

- 【水平】：设置单元格的内容在单元格内水平方向上的对齐方式，其下拉列表中有【默认】、【左对齐】、【居中对齐】和【右对齐】4 种排列方式。
- 【垂直】：设置单元格的内容在单元格内垂直方向上的对齐方式，其下拉列表中有【默认】、【顶端】、【居中】、【底部】和【基线】5 种排列方式。
- 【宽】和【高】：设置所选择单元格的宽度和高度。
- 【不换行】：设置单元格文本是否换行。
- 【标题】：设置所选单元格为标题单元格，默认情况下，标题单元格的内容以粗体且居中对齐显示。标题单元格用 HTML 代码表示为\<th\>标记，而不是\<td\>标记。
- 【背景颜色】：设置单元格的背景颜色。

(2) 在单元格内插入图像 "images/logo.jpg"。

(3) 分别选择第 2 个表格的第 1 行和第 3 行单元格，将单元格高度均设置为 "20"，如图 6-12 所示。

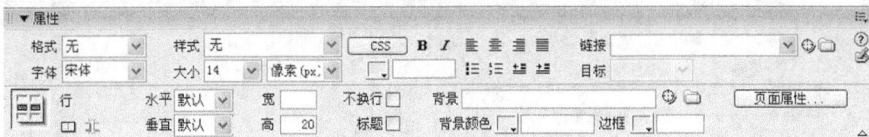

图6-12 单元格【属性】面板

(4) 将光标置于第 2 个表格的第 2 行第 1 个单元格内，然后在【垂直】下拉列表中选择 "顶端"，并设置单元格宽度为 "140"，如图 6-13 所示。

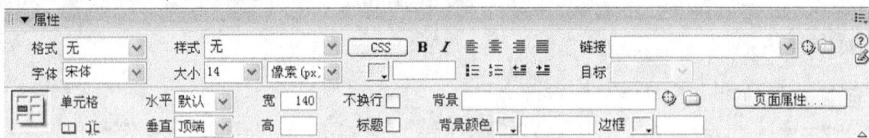

图6-13 单元格【属性】面板

(5) 将光标置于第 2 个表格的第 2 行第 2 个单元格内，然后在【水平】下拉列表中选择 "居中对齐"。

(6) 将光标置于第 2 个表格的第 2 行第 3 个单元格内，然后在【垂直】下拉列表中选择 "顶端"，并设置单元格宽度为 "140"。

(7) 将光标置于第 3 个表格的单元格内，然后在【水平】下拉列表中选择 "居中对齐"，并输入相应的文本，如图 6-14 所示。

图6-14 插入图像及文本

(8) 选择【文件】/【另存为】命令将文件保存为 "index6-1.html"。

6.2 编辑表格

插入的表格都是非常规则的表格，在实际应用中，表格要复杂得多，这时就需要对表格继续进行编辑，如合并和拆分单元格、增加和删除行列，甚至在单元格中再继续插入表格等，下面进行简要介绍。

6.2.1 合并和拆分单元格

合并单元格是指将多个单元格合并成为一个单元格；拆分单元格是针对单个单元格而言的，可看成是合并单元格的逆操作。

【例6-4】 合并和拆分单元格。

操作步骤

(1) 接上例。选中第2个表格第1行的3个单元格，采用以下任意一种方式将单元格合并。

- 选择菜单命令【修改】/【表格】/【合并单元格】。
- 单击鼠标右键，在弹出的快捷菜单中选择【表格】/【合并单元格】命令。
- 单击表格【属性】面板左下角的□按钮。

(2) 运用同样的方法对第2个表格第3行的3个单元格进行合并，如图6-15所示。

图6-15 合并单元格

(3) 将光标置于第2个表格的第2行第2个单元格内，执行以下任意一种操作，弹出如图6-16所示的对话框，将单元格拆分成2行。

- 选择【修改】/【表格】/【拆分单元格】命令。
- 单击鼠标右键，在弹出的快捷菜单中选择【表格】/【拆分单元格】命令。
- 单击【属性】面板左下角的 按钮。

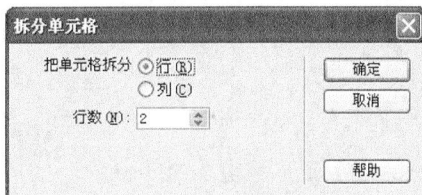

图6-16 拆分单元格

在【拆分单元格】对话框中，【把单元格拆分】选项组包括【行】和【列】两个单选按钮，这表明可以将单元格纵向拆分或者横向拆分。在【行数】或【列数】列表框中可以定义要拆分的行数或列数。

(4) 将两个单元格的高度分别设置为"145"。

6.2.2 增加和删除行列

在编辑表格的过程中，有时需要增加行或列，有时也需要删除行和列。首先将光标置于欲插入行或列的单元格内，然后采取以下最常用的方法进行操作即可。

- 选择菜单命令【修改】/【表格】/【插入行】，则在光标所在单元格的上面增加1行。同样，选择菜单命令【修改】/【表格】/【插入列】，则在光标所在单元格的左侧增加1列。也可使用右键快捷菜单命令【表格】/【插入行】或【表格】/【插入列】进行操作。

- 选择菜单命令【修改】/【表格】/【插入行或列】，在弹出的【插入行或列】对话框中进行设置，如图 6-17 所示，加以确认后即可完成插入操作。也可在右键快捷菜单命令中选择【表格】/【插入行或列】，弹出该对话框。

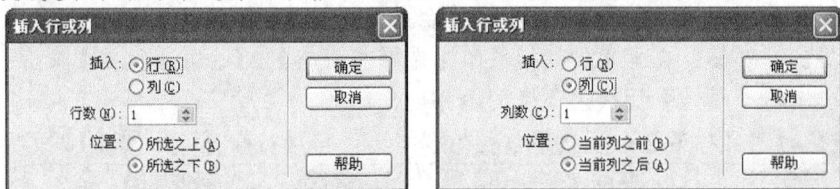

图6-17 【插入行或列】对话框

在如图 6-17 所示的对话框中，【插入】选项组包括【行】和【列】两个单选按钮，默认选择的是【行】单选按钮，所以下面的选项就是【行数】，在【行数】选项的文本框内可以定义预插入的行数，在【位置】选项组可以定义插入行的位置是【所选之上】还是【所选之下】。在【插入】选项组如果选择的是【列】单选按钮，那么下面的选项就变成了【列数】，【位置】选项组后面的两个单选按钮就变成了【当前列之前】和【当前列之后】。

如果要删除行或列，首先需要将光标置于要删除的行或列中，或者将要删除的行或列选中，然后选择菜单命令【修改】/【表格】中的【删除行】或【删除列】进行删除。也可使用右键快捷菜单命令进行操作。实际上，最简捷的方法就是先选定要删除的行或列，然后按 Delete 键。

6.2.3 插入嵌套表格

嵌套表格是指在表格的单元格中再插入表格，其宽度受所在单元格的宽度限制，常用于控制表格内的文本或图像的位置。虽然表格可以层层嵌套，但在实践中不主张表格的嵌套层次过多，一般控制在 3～4 层即可。下面介绍插入和设置嵌套表格的方法。

【例6-5】 插入嵌套表格。

操作步骤

(1) 接上例。将光标置于第 2 个表格第 2 行第 1 个单元格内，然后选择【插入】/【表格】命令插入一个 4 行 1 列的表格，如图 6-18 所示。

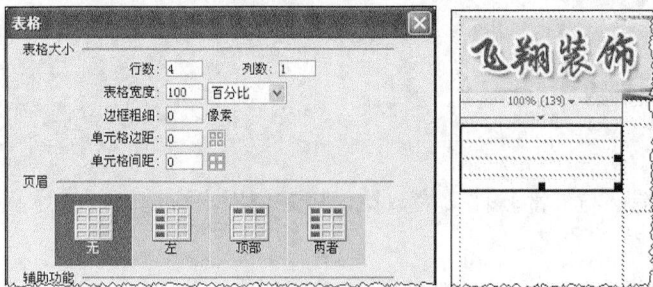

图6-18 【表格】对话框

(2) 将第 1 个单元格的高度设置为 "20"，背景颜色设置为 "#FDE98A"，并输入文本 "■装修效果图"，其他单元格的高度分别设置为 "90"，单元格的水平对齐方式均为 "居中对齐"。

(3) 选中刚刚插入的表格并进行复制，然后粘贴到最右侧的单元格中，如图 6-19 所示。

图6-19 复制并粘贴单元格

(4) 在左侧嵌套表格的 3 个单元格中依次插入图像 "images/01.jpg"、"images/02.jpg"、"images/03.jpg"，在右侧嵌套表格的 3 个单元格中依次插入图像 "images/04.jpg"、"images/05.jpg"、"images/06.jpg"。

(5) 在第 2 个表格的第 1 行和第 3 行单元格中均插入图像 "images/line.jpg"，在第 2 行中间的两个单元格内分别插入图像 "images/ad1.jpg"、"images/ad2.jpg"，如图 6-20 所示。

图6-20 插入图像

(6) 选择【文件】/【另存为】命令将文件保存为 "index6-2.html"。

6.3 数据表格

Dreamweaver 能够与外部软件交换数据，以方便用户快速导入或导出数据，同时还可以对数据表格进行排序。

6.3.1 导入表格数据

选择菜单命令【文件】/【导入】/【表格式数据】或【Excel 文档】，可以将表格式数据或 Excel 表格导入到网页文档中。导入 Excel 文档与导入 Word 文档打开的对话框相似，而导入表格式数据打开的对话框如图 6-21 所示。

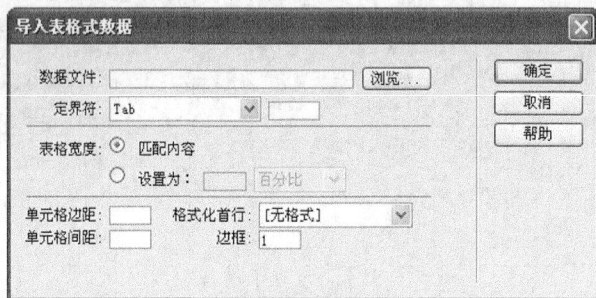

图6-21 【导入表格式数据】对话框

下面对对话框中的相关参数进行简要说明。

- 【数据文件】：设置要导入表格式数据的文件。
- 【定界符】：设置要导入文件中所使用的分隔符，包括 "Tab"、"逗点"、"分号"、"引号" 和 "其他"，如果选择 "其他"，则需要在右侧的文本框中输入文件中所使用的分隔符。
- 【表格宽度】：设置表格的宽度，可以与实际内容相匹配，也可以重新设置。
- 【单元格边距】：设置表格的单元格边距。
- 【单元格间距】：设置表格的单元格间距。
- 【格式化首行】：设置表格首行文本的格式，如 "粗体"、"斜体"、"粗体斜体" 等。
- 【边框】：设置表格边框的宽度，单位为 "像素"。

6.3.2 导出表格数据

Dreamweaver 中的表格数据也可以导出，方法是，将光标置于表格中，然后选择菜单命令【文件】/【导出】/【表格】，打开【导出表格】对话框，如图 6-22 所示，在【定界符】下拉列表中选择要在导出的结果文件中使用的分隔符类型（包括 "Tab"、"空白键"、"逗点"、"分号" 和 "引号"），在【换行符】下拉列表中选择打开文件的操作系统（包括 "Windows"、"Mac" 和 "UNIX"），最后单击 导出 按钮，打开【表格导出为】对话框，设置文件的保存位置和名称即可。

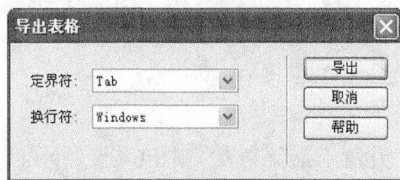

图6-22 【导出表格】对话框

6.3.3 排序表格数据

利用 Dreamweaver 8 的【排序表格】命令可以对表格指定列的内容进行排序,方法是,先选中整个表格,然后选择菜单命令【命令】/【排序表格】,打开【排序表格】对话框,在对话框中进行参数设置即可,如图 6-23 所示。

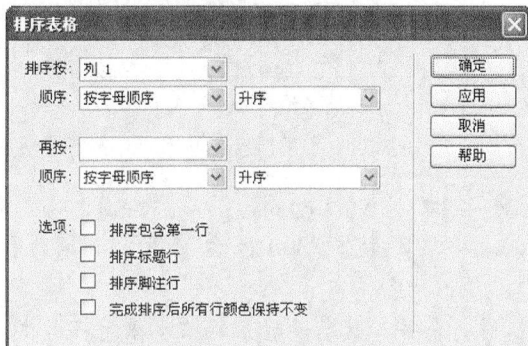

图6-23 【排序表格】对话框

表格排序主要针对具有格式数据的表格,是根据表格列中的数据来排序的。另外,如果表格中含有经过合并生成的单元格,则表格将无法使用排序功能。

习题

1. 使用表格制作列车时刻表,最终效果如图 6-24 所示。

列车时刻表				
车次	发站	到站	开车时间	到站时间
K8252	青岛	烟台	6:00	10:12
D6064	青岛	泰山	6:10	9:28
K694	青岛	合肥	6:17	22:20
D60	青岛	北京南	7:00	12:48
D6072	青岛	济南	7:30	9:55
T162	青岛	广州东	7:50	12:45
D58	青岛	北京南	8:00	13:38

图6-24 列车时刻表

步骤提示

① 将页面字体设置为"宋体"、大小设置为"16px"。

② 插入一个 8 行 5 列的表格,表格标题为"列车时刻表",第 1 行为标题行,填充和间距均为"2",边框为"1"。

③ 将第 1 行单元格的宽度设置为“20%”，背景颜色设置为“#CCCCCC”，将其他行所有单元格的水平对齐方式设置为“居中对齐”。

④ 输入相应文本并保存文档。

2. 使用表格制作一个日历表，最终效果如图 6-25 所示。

公元2010年9月						
日	一	二	三	四	五	六
			1 廿三	2 廿四	3 廿五	4 廿六
5 廿七	6 廿八	7 廿九	8 白露	9 初二	10 教师节	11 初四
12 初五	13 初六	14 初七	15 初八	16 初九	17 初十	18 十一
19 十二	20 十三	21 十四	22 中秋节	23 十六	24 二七	25 十八
26 十九	27 二十	28 廿一	29 廿二	30 廿三		

图6-25 日历表

步骤提示

① 设置页面字体为“宋体”，大小为“14 px”。

② 插入一个 7 行 7 列的表格，宽度为“350 像素”，填充、间距和边框均为“0”，标题行格式为“无”。

③ 对第 1 行所有单元格进行合并，然后设置单元格水平对齐方式为“居中对齐”，垂直对齐方式为“居中”，高度为“30”，背景颜色为“#99CCCC”，并输入文本“公元 2010 年 9 月”。

④ 设置第 2 行所有单元格的水平对齐方式为“居中对齐”，宽度为“50”，高度为“25”，并在单元格中输入文本“日”～“六”。

⑤ 设置第 3 行至第 7 行所有单元格水平对齐方式为“居中对齐”，垂直对齐方式为“居中”，高度为“40”。

⑥ 在第 3 行第 4 个单元格中输入“1”，然后按 Shift+Enter 组合键换行，接着输入“廿三”。按照同样的方法依次在其他单元格中输入文本。

3. 根据自己的爱好自行搜集素材，然后根据本章所学习知识设计制作网页。

在制作网页的过程当中，如果要将一个浏览器窗口划分为多个区域、每个区域显示不同的 HTML 文档，有没有解决的方法呢？答案当然是肯定的，可以使用框架技术。使用框架最常见的情况就是，一个框架显示包含导航控件的文档，而另一个框架显示含有内容的文档。本章将介绍创建和设置框架的基本知识。

- 掌握创建、编辑和保存框架的方法。
- 掌握设置框架和框架集属性的方法。
- 掌握创建嵌入式框架的方法。

7.1 创建框架

在网页制作中，框架是一个非常重要的技术，下面进行简要介绍。

7.1.1 认识框架和框架集

有两个概念必须清楚，一个是框架，另一个是框架集。框架是浏览器窗口中的一个区域，它可以显示与浏览器窗口的其余部分中所显示内容无关的 HTML 文档。框架集是 HTML 文件，它定义一组框架的布局和属性，包括框架的数目、框架的大小和位置以及在每个框架中初始显示的页面的 URL。也就是说，框架集文件将向浏览器提供应如何显示一组框架以及在这些框架中应显示哪些文档的有关信息。图 7-1 所示为一个框架网页。

图7-1 框架网页

在图 7-1 中，当访问者浏览站点时，在顶部框架中显示的文档永远不更改。左侧框架导航条包含链接，单击其中某一链接会更改右侧框架的显示内容，但左侧框架本身的内容保持不变。框架不是文件，当前显示在框架中的文档实际上并不是框架的一部分。框架是存放文档的容器，任何一个框架都可以显示任意一个文档。

如果一个站点在浏览器中显示为包含 3 个框架的单个页面，则它实际上至少由 4 个单独的 HTML 文档组成：一个框架集文件以及显示在框架中的 3 个文档，这 3 个文档包含这些框架内初始显示的内容。当在 Dreamweaver 中设计使用框架集的页面时，必须保存全部这 4 个文件，以便该页面可以在浏览器中正常工作。

使用框架具有以下优点。

- 访问者的浏览器不需要为每个页面重新加载与导航相关的图形。
- 每个框架都具有自己的滚动条（如果内容太多，在窗口中显示不下），因此访问者可以独立滚动这些框架。

使用框架具有以下缺点。

- 可能难以实现不同框架中各元素的精确图形对齐。
- 对导航进行测试可能很耗时间。
- 各个带有框架的页面的 URL 不显示在浏览器中，因此访问者可能难以将特定页面设为书签。

7.1.2　创建和保存框架网页

当一个页面被划分为若干个框架时，Dreamweaver 就建立起一个未命名的框架集文件，每个框架中包含一个文档。下面介绍创建和保存框架网页的具体方法。

【例7-1】　创建和保存框架网页。

操作步骤

(1) 将素材文件复制到站点根文件夹下，然后选择【文件】/【新建】命令，打开【新建文档】对话框，在【常规】选项卡中选择【框架集】/【上方固定，左侧嵌套】选项，如图 7-2 所示。

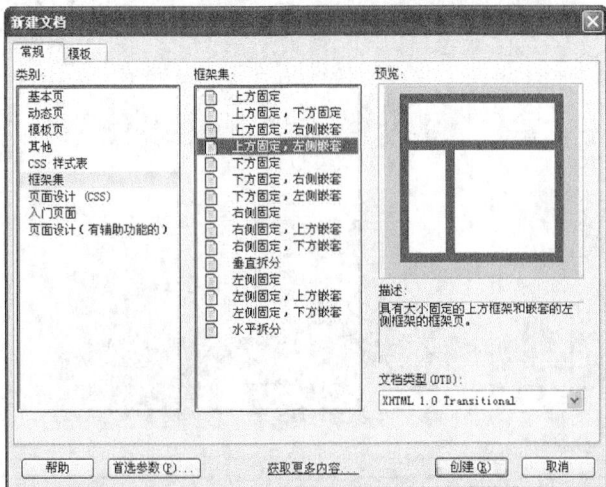

图7-2　【新建文档】对话框

在【框架集】列表框中列举了常用的框架集类型，每选择一种类型，在【预览】视图中就会显示其结构图，读者可根据实际需要进行选择。

(2) 单击 ┌创建(R)┐ 按钮弹出【框架标签辅助功能属性】对话框，如图7-3所示。

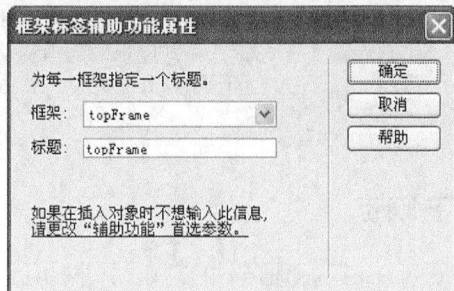

图7-3 【框架标签辅助功能属性】对话框

在【首选参数】对话框的【辅助功能】分类中取消勾选【框架】复选框，在插入框架时将不再弹出【框架标签辅助功能属性】对话框。

(3) 在【框架】列表框中选择框架类型，在【标题】文本框中输入相应的名称，这里保持默认设置，然后单击 ┌确定┐ 按钮创建框架网页，如图7-4所示。

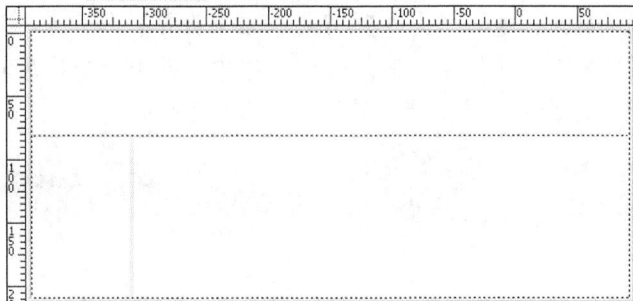

图7-4 创建框架网页

在 Dreamweaver 8 中，还可以使用以下方法创建框架网页。
- 在当前网页中单击【插入】/【布局】工具栏框架按钮组中的相应按钮，如图7-5所示。
- 在当前网页中选择菜单命令【插入】/【HTML】/【框架】，其子菜单命令如图7-6所示。
- 在起始页中，选择【从范例创建】/【框架集】命令。

左对齐(L)
右对齐(R)
对齐上缘(T)
对齐下缘(B)
下方及左侧嵌套(N)
下方及右侧嵌套(M)
左侧及上方嵌套(F)
左侧及下方嵌套(I)
右侧及下方嵌套(T)
右侧及上方嵌套(G)
上方及下方(P)
上方及左侧嵌套(Q)
上方及右侧嵌套

左侧框架
右侧框架
顶部框架
底部框架
下方和嵌套的左侧框架
下方和嵌套的右侧框架
左侧和嵌套的下方框架
右侧和嵌套的下方框架
上方和下方框架
左侧和嵌套的顶部框架
右侧和嵌套的上方框架
顶部和嵌套的左侧框架
上方和嵌套的右侧框架

框架页
框架
浮动框架
无框架

图7-5 框架按钮组

图7-6 菜单命令

(4) 选择【文件】/【保存全部】命令依次保存框网页内的所有文件，包括框架集文件和框架文件，名称分别为 "index7-1.html"、"main-1.html"、"left-1.html"、"top-1.html"。

> **知识链接**
>
> 对于新建的框架网页，使用菜单命令【文件】/【保存全部】将依次保存所有的文件。对于已经存在的框架网页，还可以分以下几种情况进行保存。
> - 选择【文件】/【保存框架】命令，将对当前框架中的文档进行保存。
> - 选择【文件】/【框架另存为】命令，将对当前框架中的文档换名保存。
> - 在【框架】面板或【设计】视图窗口中选择框架集，然后选择【文件】/【框架集另存为】命令将对框架集文件换名保存。

7.1.3 在框架中打开网页

在创建了框架网页后，既可以在各个框架中直接输入网页元素进行保存，也可以在框架中打开已经事先准备好的网页。下面介绍在框架中打开网页的方法。

【例7-2】 在框架中打开网页。

操作步骤

(1) 接上例。将光标置于顶部框架内，选择【文件】/【在框架中打开】命令打开文档 "top.html"。

(2) 将光标置于左侧框架内，选择【文件】/【在框架中打开】命令打开文档 "left.html"。

(3) 将光标置于右侧框架内，选择【文件】/【在框架中打开】命令打开文档 "main.html"。

(4) 选择【文件】/【保存全部】命令保存网页，如图 7-7 所示。

图7-7 在框架中打开网页

7.2 设置框架

框架网页创建完毕后，还需要对其进行属性、超级链接等设置，下面进行简要介绍。

7.2.1 设置框架和框架集属性

框架及框架集是一些独立的 HTML 文档，可以通过设置框架或框架集的属性来对框架或框架集进行修改，如框架的大小、边框宽度和是否有滚动条等。下面介绍选择和设置框架和框架集属性的方法。

【例7-3】 设置框架和框架集属性。

操作步骤

(1) 接上例。选择【窗口】/【框架】命令，打开【框架】面板。

(2) 在【框架】面板中用鼠标单击最外层框架集的边框选择该框架集，然后在【属性】面板中进行参数设置，如图 7-8 所示。

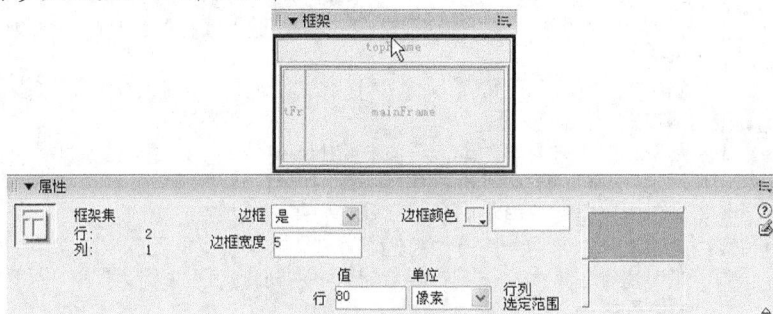

图7-8 设置第 1 层框架集属性

> **要点提示** 按住 Alt 键不放，在编辑窗口中用鼠标单击相应的框架集边框也可选择该框架集，被选择的框架集边框将显示为虚线。

(3) 在【属性】面板中用鼠标单击框架缩略图的下半部分并进行相关参数设置，如图 7-9 所示。

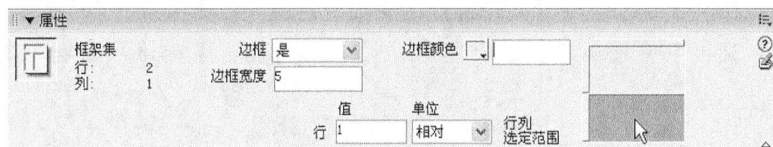

图7-9 设置第 1 层框架集属性

(4) 在【框架】面板中单击第 2 层框架集的边框选择该框架集，然后在【属性】面板中进行参数设置，如图 7-10 所示。

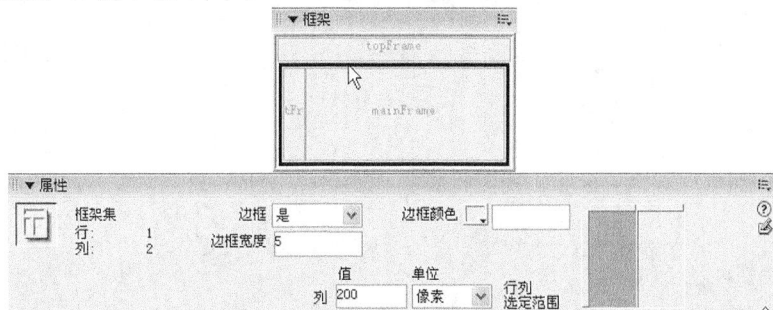

图7-10 设置第 2 层框架集属性

(5) 在【属性】面板中用鼠标单击框架缩略图的右半部分并进行相关参数设置，如图 7-11 所示。

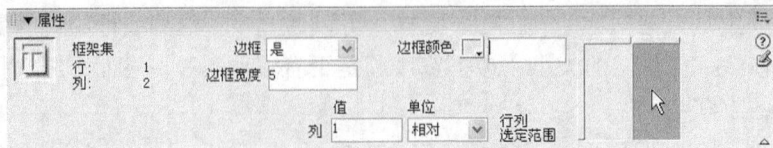

图7-11　设置第 2 层框架集属性

下面对框架集【属性】面板中各项参数的含义简要说明如下。

① 【边框】：用于设置是否有边框，其下拉列表中包含"是"、"否"和"默认"3 个选项。选择"默认"选项，将由浏览器端的设置来决定是否有边框。

② 【边框宽度】：用于设置整个框架集的边框宽度，以"像素"为单位。

③ 【边框颜色】：用于设置整个框架集的边框颜色。

④ 【行】或【列】：用于设置行高或列宽，显示【行】还是显示【列】是由框架集的结构决定的。

⑤ 【单位】：用于设置行、列尺寸的单位，其下拉列表中包含【像素】、【百分比】和【相对】3 个选项。

- 【像素】：以"像素"为单位设置框架大小时，尺寸是绝对的，即这种框架的大小永远是固定的。若网页中其他框架用不同的单位设置框架的大小，则浏览器首先为这种框架分配屏幕空间，再将剩余空间分配给其他类型的框架。

- 【百分比】：以"百分比"为单位设置框架大小时，框架的大小将随框架集大小按所设的百分比发生变化。在浏览器分配屏幕空间时，它比"像素"类型的框架后分配，比"相对"类型的框架先分配。

- 【相对】：以"相对"为单位设置框架大小时，框架在前两种类型的框架分配完屏幕空间后再分配，它占据前两种框架的所有剩余空间。

设置框架大小最常用的方法是将在侧框架设置为固定像素宽度，将右侧框架设置为相对大小，这样在分配像素宽度后，能够使右侧框架伸展以占据所剩余空间。

当设置单位为"相对"时，在【值】文本框中输入的数字将消失。如果想指定一个数字，则必须重新输入。但是，如果只有一行或一列，则不需要输入数字，因为该行或列在其他行和列分配空间后，将接受所有剩余空间。为了确保浏览器的兼容性，可以在【值】文本框中输入"1"，这等同于不输入任何值。

(6) 在【框架】面板中用鼠标单击顶部框架，然后在【属性】面板中进行参数设置，如图 7-12 所示。

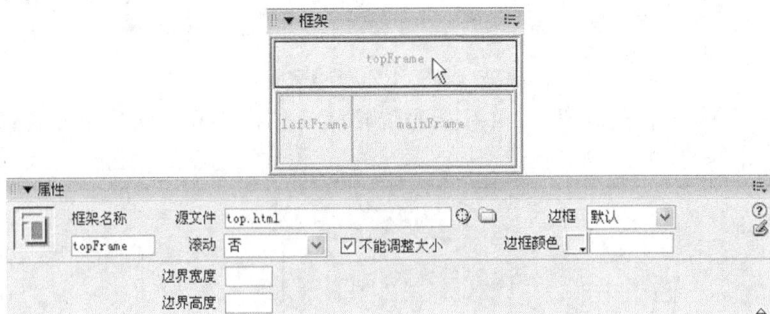

图7-12　设置顶部框架属性

按住 Alt 键不放，在编辑窗口的框架内单击鼠标左键也可选择该框架，被选择的框架边框将显示为虚线。

(7) 在【框架】面板中用鼠标单击左侧框架，然后在【属性】面板中进行参数设置，如图 7-13 所示。

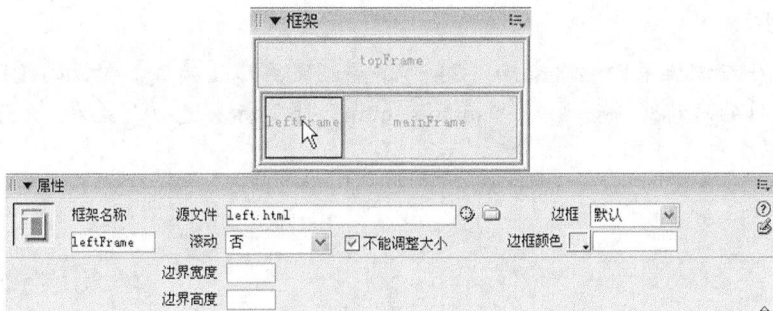

图7-13 设置左侧框架属性

(8) 在【框架】面板中用鼠标单击右侧框架，然后在【属性】面板中进行参数设置，如图 7-14 所示。

图7-14 设置右侧框架属性

> **知识链接**
>
> 下面对框架【属性】面板中各项参数的含义简要说明如下。
> - 【框架名称】：用于设置链接指向的目标窗口名称。
> - 【源文件】：用于设置框架中显示的页面文件。
> - 【边框】：用于设置框架是否有边框，其下拉列表中包括【默认】、【是】和【否】3 个选项。选择【默认】选项，将由浏览器端的设置来决定是否有边框。
> - 【滚动】：用于设置是否为可滚动窗口，其下拉列表中包含【是】、【否】、【自动】和【默认】4 个选项。"是"表示显示滚动条；"否"表示不显示滚动条；"自动"将根据窗口的显示大小而定，也就是当该框架内的内容超过当前屏幕上下或左右边界时，滚动条才会显示，否则不显示；"默认"表示将不设置相应属性的值，从而使各个浏览器使用默认值。
> - 【不能调整大小】：用于设置在浏览器中是否可以手动设置框架的大小。
> - 【边框颜色】：用于设置框架边框的颜色。
> - 【边界宽度】：用于设置左右边界与内容之间的距离，以"像素"为单位。
> - 【边界高度】：用于设置上下边框与内容之间的距离，以"像素"为单位。

7.2.2 设置框架中的超级链接

在没有框架的文档中，按照指向的对象窗口不同，链接目标可以分为"_blank"、"_parent"、"_self"、"_top"等 4 种形式。而在使用框架的文档中，又增加了与框架有关的目标，可以在一个框架内使用链接改变另一个框架的内容。下面介绍设置框架中超级链接的方法。

【例7-4】 设置框架中的超级链接。

操作步骤

(1) 接上例。在左侧框架中选中文本"灯下文字",然后在【属性】面板的【链接】文本框中将其链接的目标文件设置为"lanmu01.html",【目标】选项设置为"mainFrame",如图 7-15 所示。

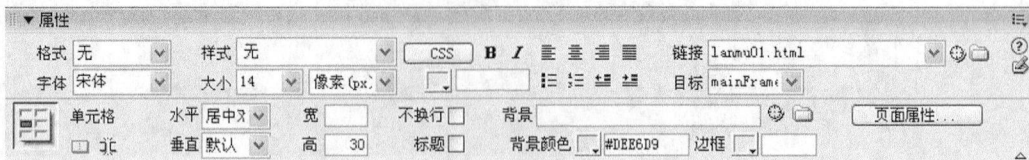

图7-15 设置框架中的超级链接

(2) 运用相同的方法依次设置其他文本的超级链接。

> 要在一个框架中使用链接打开另一个框架中的内容,必须设置链接目标。在有框架的网页中,可以在【属性】面板的【目标】下拉列表中直接选择框架名称。如果是单独打开文档窗口编辑链接,如"left.html",框架名称将不显示在【目标】下拉列表中,此时可以将目标框架的名称直接输入到【目标】文本框中。

(3) 在【框架】面板中用鼠标选中最外层框架集,然后选择菜单命令【文件】/【框架集另存为】将其保存为"index7-2.html",如图 7-16 所示。

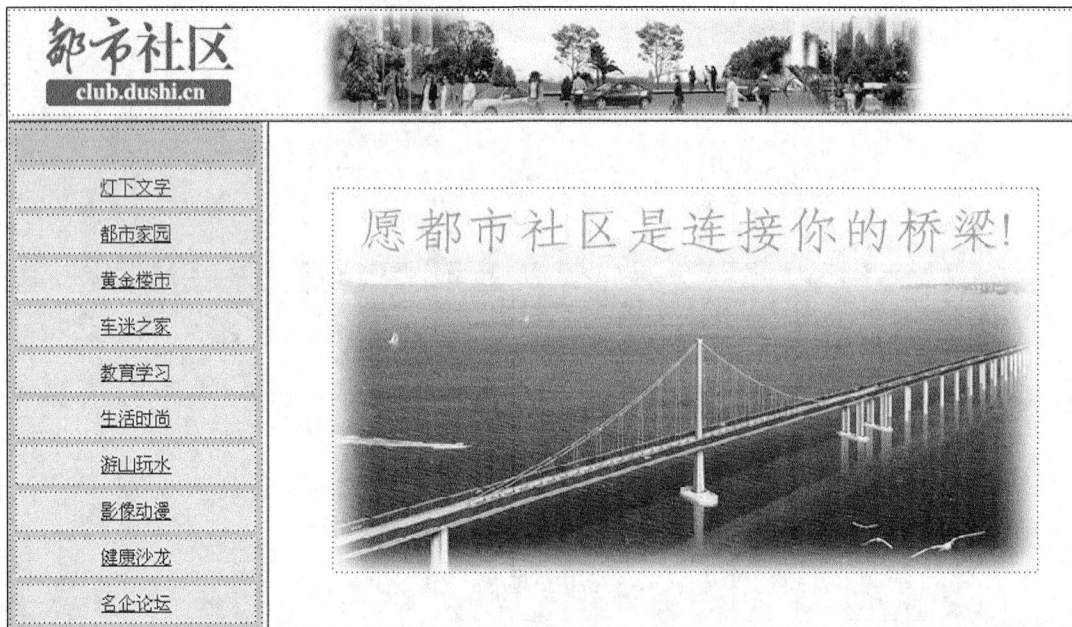

图7-16 保存框架集网页

7.3 编辑框架

下面介绍编辑无框架内容、拆分和删除框架以及使用浮动框架的方法。

7.3.1 编辑无框架内容

有些浏览器不支持框架技术，Dreamweaver 8 提供了解决这个问题的方法，即编辑"无框架内容"，以使不支持框架的浏览器也可以显示无框架内容，下面介绍具体设置方法。

【例7-5】 编辑"无框架内容"。

操作步骤

(1) 接上例。选择【修改】/【框架集】/【编辑无框架内容】命令，进入【无框架内容】窗口，在其中输入提示文本，如图 7-17 所示。

(2) 选中文本"进入无框架网页"，在【属性】面板中将其链接目标文件设置为"noframe.html"，如图 7-18 所示。

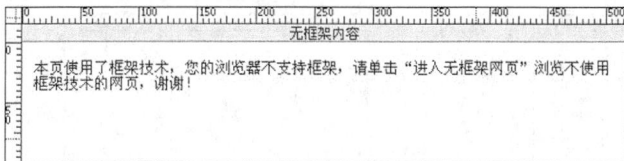

图7-17 编辑无框架内容　　　　　　　　图7-18 设置超级链接

(3) 设置完毕后，再次选择【修改】/【框架集】/【编辑无框架内容】命令退出该窗口。

(4) 选中最外层框架集，然后查看源代码，发现添加了"无框架内容"的代码，如图 7-19 所示。

```
</head>

<frameset rows="80,*" cols="*" framespacing="5" frameborder="yes" border="5">
  <frame src="top.html" name="topFrame" scrolling="No" noresize="noresize" id="topFrame" title="topFrame" />
  <frameset cols="200,*" frameborder="yes" border="5" framespacing="5">
    <frame src="left.html" name="leftFrame" scrolling="no" noresize="noresize" id="leftFrame" title="leftFrame" />
    <frame src="main.html" name="mainFrame" scrolling="auto" id="mainFrame" title="mainFrame" />
  </frameset>
</frameset>
<noframes><body>
本页使用了框架技术，您的浏览器不支持框架，请单击 "<a href="noframe.html">进入无框架网页</a>" 浏览不使用框架技术的网页，谢谢！
</body>
</noframes></html>
```

图7-19 "无框架内容"的代码

(5) 选择【文件】/【框架集另存为】命令将其保存为"index7-3.html"。

7.3.2 拆分和删除框架

虽然 Dreamweaver 预先提供了许多种框架集，但这些框架集并不一定满足实际需要，这时就需要在预定义框架集的基础上拆分框架或删除不需要的框架。

1. 使用菜单命令拆分框架

选择菜单【修改】/【框架页】下的【拆分左框架】、【拆分右框架】、【拆分上框架】或【拆分下框架】命令可以拆分框架，如图 7-20 所示。也可以在【插入】/【布局】面板中单击框架按钮组中相应的按钮来拆分框架。这些命令可以用来反复对框架进行拆分，直至满意为止。

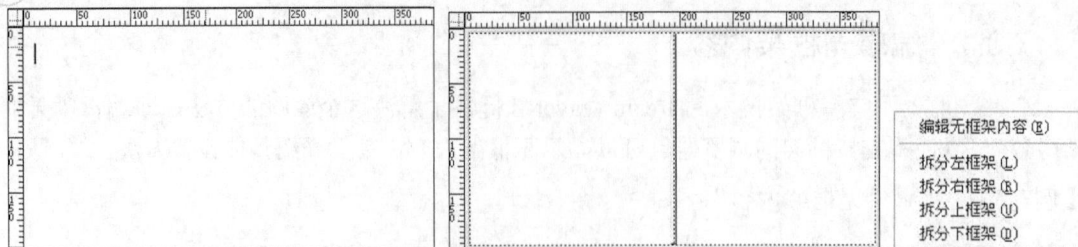

图7-20 【拆分左框架】命令的应用

编辑无框架内容(E)

拆分左框架(L)
拆分右框架(R)
拆分上框架(U)
拆分下框架(D)

2. 自定义框架集

选择【查看】/【可视化助理】/【框架边框】命令，显示出当前网页的边框，然后将鼠标指针置于框架最外层边框线上，当鼠标指针变为 ↔ 时，单击并拖动鼠标指针到合适的位置即可创建新的框架，如图 7-21 所示。

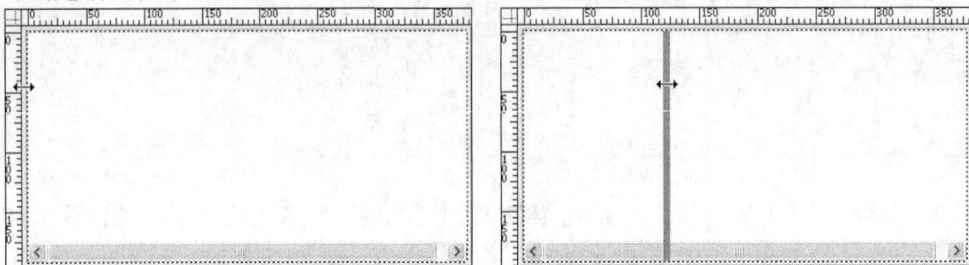

图7-21 拖动框架最外层边框线创建新的框架

如果将鼠标指针置于最外层框架的边角上，当鼠标指针变为 ✛ 时，单击并拖动鼠标指针到合适的位置，可以一次创建垂直和水平的两条边框，将框架分隔为 4 个框架，如图 7-22 所示。

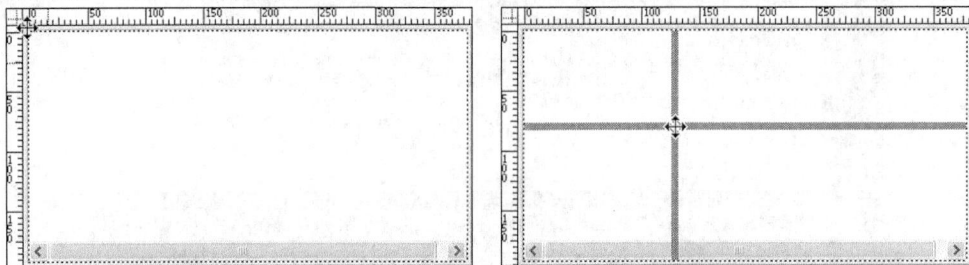

图7-22 拖动框架边角创建新的框架

如果拖动内部框架的边角，可以一次调整周围所有框架的大小，但不能创建新的框架，如图 7-23 所示。

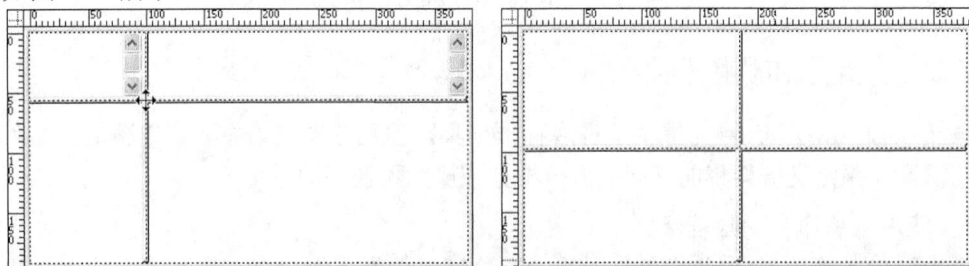

图7-23 拖动内部框架边角调整框架大小

如要创建新的框架，可以先按住 Alt 键，然后拖动鼠标指针，可以对框架进行垂直和水平的分隔，如图 7-24 所示。

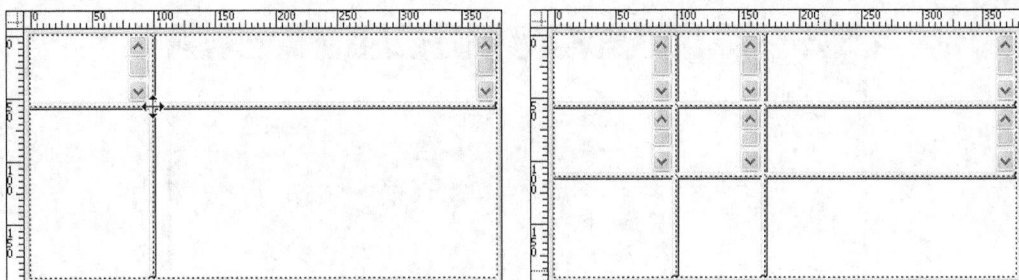

图7-24 对框架进行垂直和水平的分隔

3. 删除框架

如果要删除框架页中多余的框架，可以将其边框拖动到父框架边框上或直接拖离页面。

7.3.3 使用浮动框架

浮动框架 iframe 是一种特殊的框架形式，使用 iframe 可以将一个文档嵌入到另一个文档中显示，且不拘泥于网页的布局限制。在当今互联网网络广告横行的时代，iframe 更是无孔不入，将嵌入的文档与整个页面的内容相互融合，形成了一个整体。下面介绍在页面中插入浮动框架的方法。

【例7-6】 插入浮动框架。

操作步骤

(1) 打开文档 "index7-3-3.html"，然后将光标置于正文第 1 段的开头。

(2) 选择【插入】/【标签】命令，打开【标签选择器】对话框，然后展开【HTML 标签】分类，在右侧列表中找到并选中 "iframe"，如图 7-25 所示。

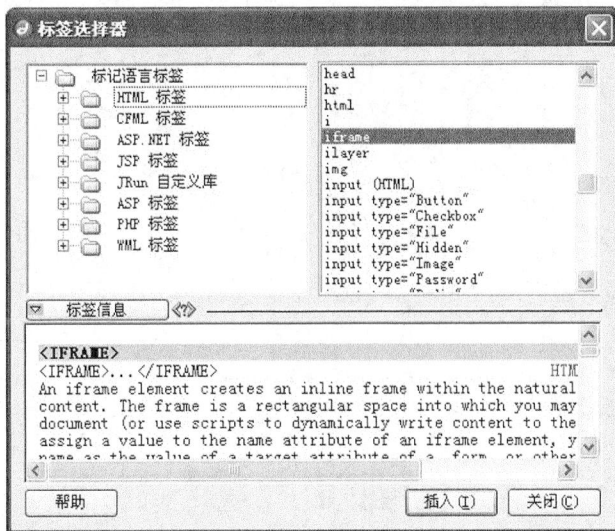

图7-25 【标签选择器】对话框

(3) 单击 插入(I) 按钮打开【标签编辑器-iframe】对话框，进行参数设置，如图 7-26 所示。

图7-26 【标签编辑器-iframe】对话框

下面对标签 iframe 各项参数的含义简要说明如下。

- 【源】：浮动框架中要显示的文档的路径和文件名称。
- 【名称】：浮动框架的名称，如果通过超级链接改变该框架内的内容，此时超级链接的打开目标窗口名称就应该设置为该框架的名称。
- 【宽度】和【高度】：浮动框架的尺寸，有像素和百分比两种单位。
- 【边距宽度】和【边距高度】：浮动框架内元素与边界的距离。
- 【对齐】：浮动框架与其周围元素的对齐方式。
- 【滚动】：浮动框架页的滚动条显示状态。
- 【显示边框】：浮动框架的外边框显示与否。

(4) 单击 确定 按钮返回到【标签选择器】对话框，单击 关闭(C) 按钮关闭该对话框，效果如图 7-27 所示。

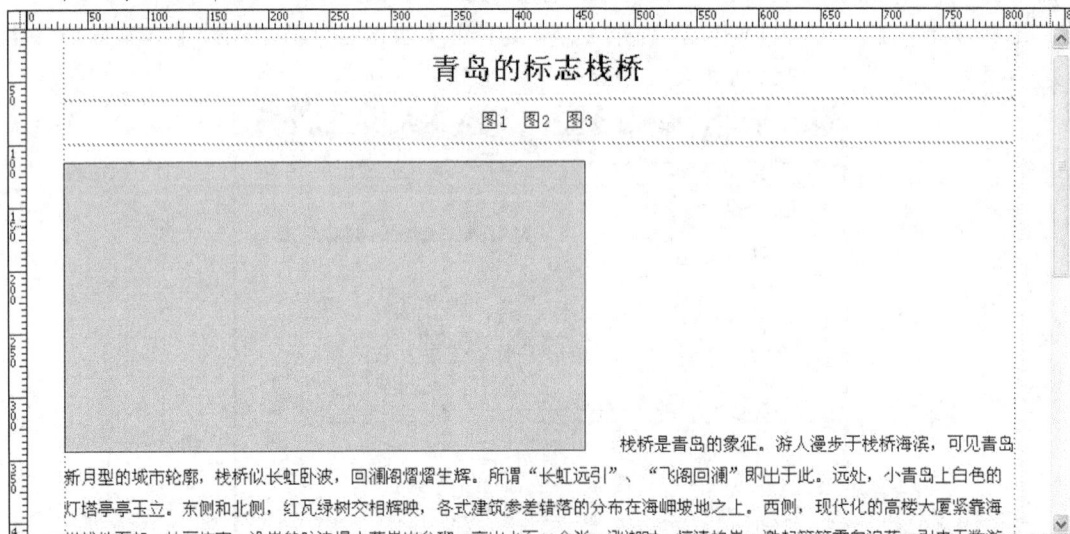

图7-27 插入浮动框架

(5) 选中文本"图 1"，然后在【属性】面板的【链接】列表框中将目标文件设置为"zhanqiao01.html"，在【目标】列表框中输入浮动框架窗口名称"tu"，如图 7-28 所示。

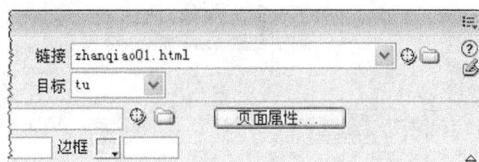

图7-28 【属性】面板

(6) 运用同样的方法将文本"图 2"和"图 3"的链接目标文件分别设置为"zhanqiao02.html"、"zhanqiao03.html"，目标窗口均为"tu"。

(7) 保存文件并在浏览器中浏览，当单击"图 1"、"图 2"或"图 3"超级链接时，在浮动框架内将显示其所链接的文档，如图 7-29 所示。

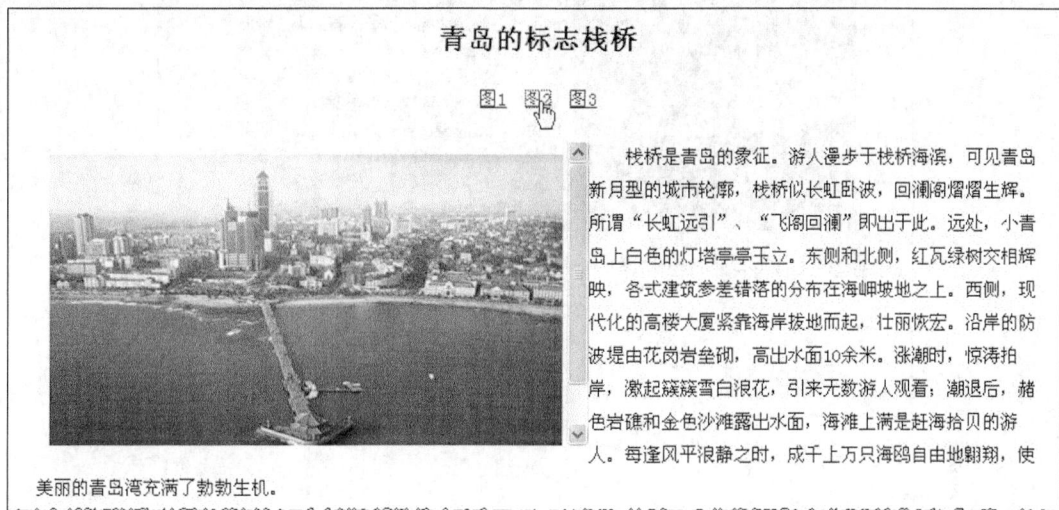

图7-29 浮动框架

习题

1. 根据操作提示创建框架网页，最终效果如图 7-30 所示。

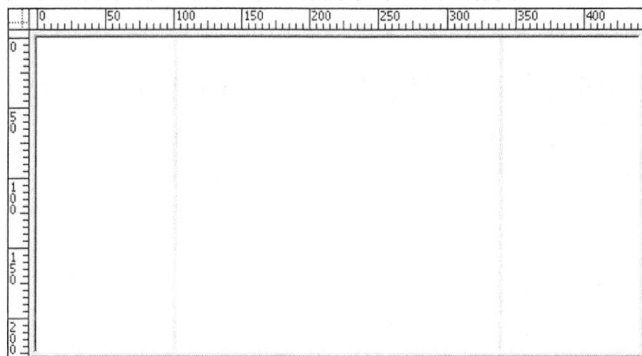

图7-30 框架网页

步骤提示

① 创建一个"左侧固定"的框架网页。

② 将右侧框架使用"拆分右框架"命令拆分成两个框架。

③ 最左侧框架和最右侧框架的宽度均设置为"100 像素"，中间框架的宽度为"1 相对"。

④ 保存所有的框架和框架集文件。

2. 根据操作提示创建框架网页，最终效果如图 7-31 所示。

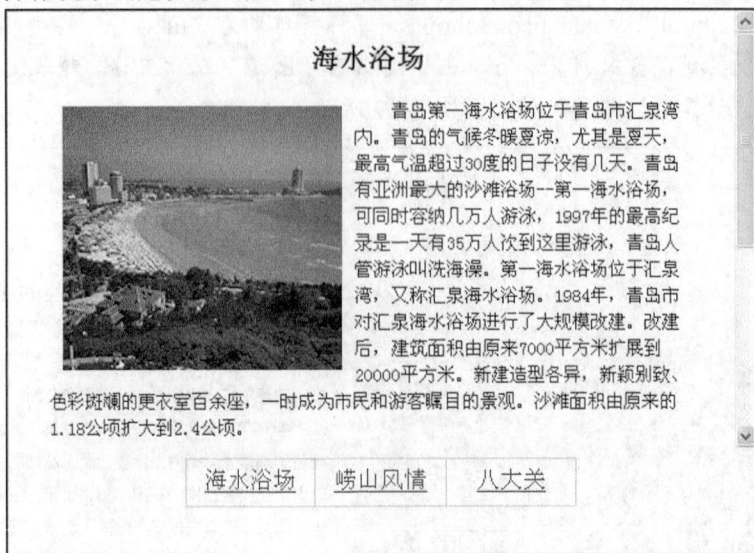

图7-31 框架网页

步骤提示

① 创建一个"下方固定"的框架网页，框架名称保持默认。

② 将框架集文件单独保存为"lianxi-2.html"。

③ 在下方框架中打开文档"daoyou.html"，在上方框架中打开文档"hsyc.html"。

④ 将文本"海水浴场"、"崂山风情"、"八大关"的超级链接目标文件分别设置为"hsyc.html"、"lsh.html"、"bdg.html"，目标窗口名称为上方框架的名称"mainFrame"。

⑤ 保存文档。

3. 根据自己的爱好自行搜集素材，然后根据本章所学习知识设计制作网页。

模板就是已经做好的网页框架，使用网页编辑软件输入需要的内容，然后发布到网站。库是解决一些网页元素在多个网页中重复应用的方法。使用库和模板可以统一网站风格，提高工作效率。本章将介绍使用库和模板制作网页的基本方法。

学习目标
- 了解库和模板的概念。
- 掌握创建和应用库的方法。
- 掌握创建和应用模板的方法。

8.1 使用库

如果在一个站点的众多网页中，有些内容是完全相同的，就没有必要在每一页重复制作这些内容。在 Dreamweaver 中，可以将众多网页相同的某一部分内容做成库项目，然后将库项目插入到网页中。当需要修改时，只需修改库项目，使用库项目的网页就会自动进行更新，这样既省时又省力。在 Dreamweaver 中，创建的库项目的文件扩展名为".lbi"，保存在"Library"文件夹内，"Library"文件夹是自动生成的，不能对其名称进行修改。下面介绍创建和应用库项目的方法。

8.1.1 创建库项目

新建库项目通常有两种方法，一种是使用【资源】面板，另一种是使用【新建文档】对话框。下面通过具体操作介绍创建库项目的方法。

【例8-1】 新建库项目。

操作步骤

(1) 将素材文件复制到站点根文件夹下，然后选择【窗口】/【资源】命令打开【资源】面板，单击左侧最底部的 📖（库）按钮切换至【库】分类。

(2) 单击【资源】面板右下角的 🔁（新建）按钮，新建一个库项目，然后在列表框中输入库项目的名称"top"，并按 Enter 键确认，如图 8-1 所示。

图8-1 新建库项目

在【库】和【模板】分类的明细列表栏的下面依次排列着 [插入]（或 [应用]）、 C （刷新站点列表）、 ⬆ （新建）、 ✏ （编辑）和 🗑 （删除）5 个按钮。单击面板右上角的 ☰ 按钮将弹出一个菜单，其中包括【资源】面板的一些常用命令。

(3) 选中库项目 "top" 并单击【资源】面板右下角的 ✏ （编辑）按钮或双击打开库项目，然后打开【页面属性】对话框，将编码设置为 "简体中文（GB2312）"。

(4) 在库项目中插入一个 3 行 1 列的表格，属性设置如图8-2 所示。

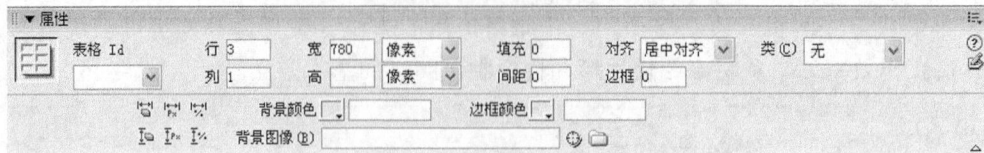

图8-2　表格【属性】面板

(5) 在第 1 行单元格中插入图像 "images/logo.jpg"，然后将第 2 行单元格拆分为 10 列，设置单元格宽度均为 "10%"，高度为 "35"，背景颜色为 "#EFCC70"，输入文本，暂时将链接地址设置为空链接 "#"，如图 8-3 所示。

图8-3　编辑库项目内容

(6) 保存库项目，然后选择【文件】/【新建】命令，打开【新建文档】对话框，在【常规】选项卡中选择【基本页】/【库项目】选项，如图 8-4 所示。

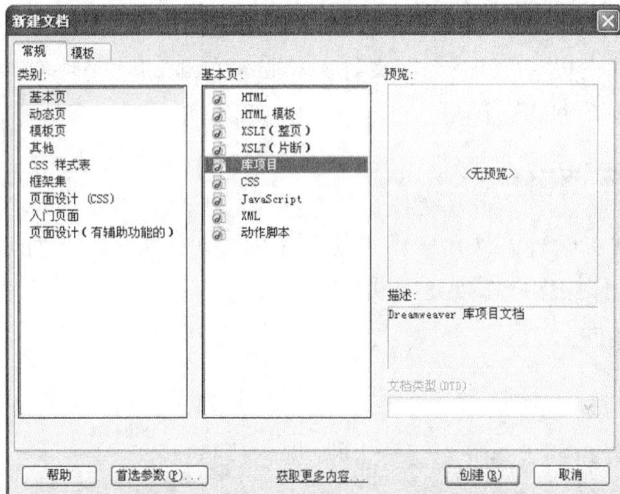

图8-4　选择【基本页】/【库项目】选项

(7) 单击 [创建(R)] 按钮打开一个文档窗口，插入一个 2 行 1 列的表格，属性设置如图 8-5 所示。

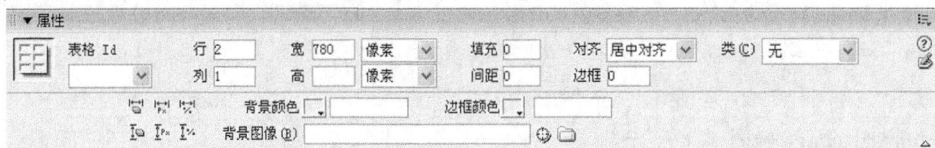

图8-5　表格【属性】面板

(8) 在第 1 行单元格中插入图像 "images/line.jpg"，将第 2 行单元格的水平对齐方式设置为 "居中对齐"，高度设置为 "50 像素"，背景颜色设置为 "#EFCC70"，并输入文本，如图 8-6 所示。

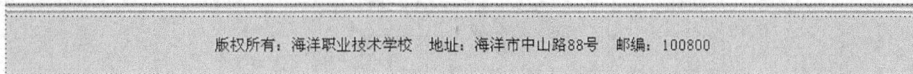

版权所有：海洋职业技术学校　地址：海洋市中山路88号　邮编：100800

图8-6　编辑库项目

(9) 选择【文件】/【另存为】命令将文件保存在 "Library" 文件夹下，名称为 "foot.lbi"。

案例小结

既可以新建库项目，也可以创建基于选定内容的库项目，即将网页中现有的对象元素转换为库项目。创建基于选定内容的库项目的方法是，在页面中选择要转换的内容，然后选择菜单栏中的【修改】/【库】/【增加对象到库】命令，即可将选中的内容转换为库项目，并显示在【库】列表中，最后输入库名称并确认即可。

库项目创建以后，根据需要适时地修改其内容是不可避免的。修改库项目的方法是，在【资源】面板的库项目列表中双击库项目将其打开，或先选中库项目再单击面板底部的 按钮打开库项目，也可以在引用库项目的网页中选中库项目，再在【属性】面板中单击 打开 按钮打开库项目，然后对库项目的内容进行修改。

如果要删除库项目，方法是，打开【资源】面板并切换至【库】分类，在库项目列表中选中要删除的库项目，单击【资源】面板右下角的 按钮或直接在键盘上按 Delete 键即可。库项目一旦被删除，将无法进行恢复，所以应特别小心。

8.1.2　插入和分离库项目

库项目创建完毕后只有在其他网页中加以应用才有意义，在应用了库项目的网页中，如果希望库项目成为网页的一部分，还可以将库项目从源文件中分离出来，从而使其与原库项目没有任何联系。下面介绍插入和分离库项目的基本方法。

【例8-2】　插入和分离库项目。

操作步骤

(1) 接上例。新建一个网页文档，并保存为 "index8-1-2.html"。

(2) 在【资源】面板中，切换至【库】分类，在列表框中选中要插入的库项目 "top"，然后单击底部的 插入 按钮，将库项目插入到文档中，如图 8-7 所示。

OVTS　海洋职业技术学校　Ocea Vocational Technology School　求实 创新

学校概况　新闻动态　教学科研　招生就业　人才招聘　公共服务　校园文化　校际交流

图8-7　插入库项目

> 要点提示
>
> 插入到其他文档中的库项目是不能直接在文档中修改的，如果要修改只能打开原库项目进行修改，然后更新应用库项目的文档即可。

(3) 在库项目后面插入一个表格，属性设置如图 8-8 所示。

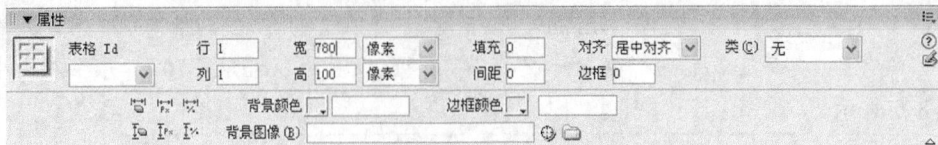

图8-8 表格【属性】面板

(4) 在表格后面插入库项目"foot",如图8-9所示。

图8-9 插入库项目

下面将库项目"foot"与源文件分离,使其成为所在网页的一部分。

(5) 单击选中库项目"foot",其【属性】面板如图8-10所示。

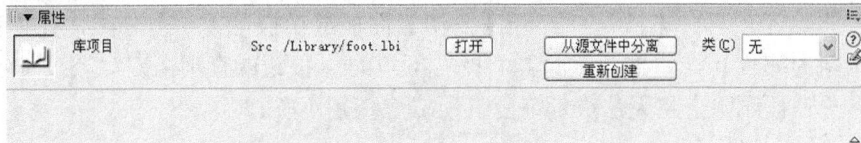

图8-10 库项目【属性】面板

(6) 在【属性】面板中单击 从源文件中分离 按钮,弹出提示对话框,如图8-11所示。

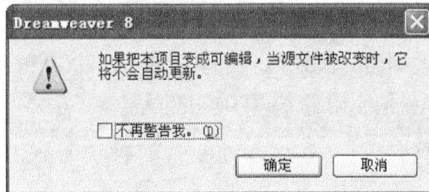

图8-11 提示对话框

(7) 单击 确定 按钮,将库项目的内容与源文件分离,这样就可以对这部分内容进行编辑了,如图8-12所示。

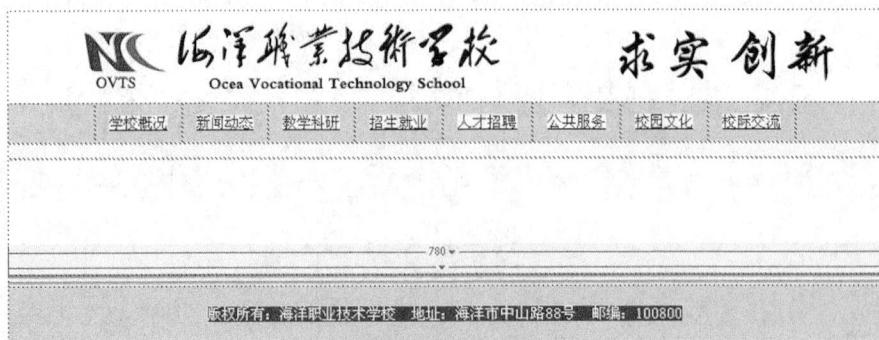

图8-12 可以编辑页脚内容

(8) 保存文件。

案例小结

　　插入到其他文档中的库项目是不能直接在文档中修改的，在原库项目被修改且保存后，通常引用该库项目的网页会进行自动更新。如果没有进行自动更新，可以选择菜单命令【修改】/【库】/【更新当前页】，对应用库项目的当前网页进行更新，或选择【更新页面】命令，打开【更新页面】对话框，进行参数设置后更新相关页面，如图 8-13 所示。如果在【更新页面】对话框的【查看】下拉列表中选择"整个站点"选项，然后从其右侧的下拉列表中选择站点的名称，将会使用当前版本的库项目更新所选站点中的所有页面；如果选择【文件使用…】选项，然后从其右侧的下拉列表中选择库项目名称，将会更新当前站点中所有应用了该库项目的文档。

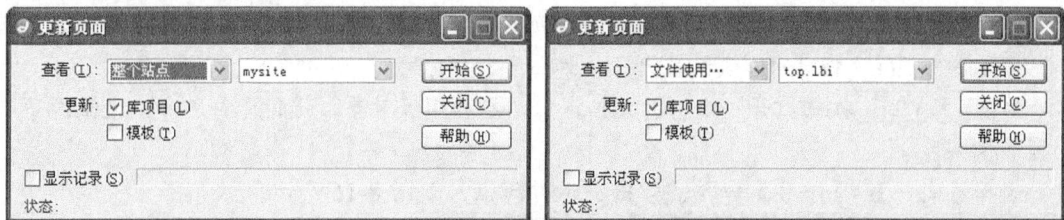

图8-13　【更新页面】对话框

8.2　使用模板

　　通常在一个站点的众多网页中，有许多网页的结构是相同的，这时就没有必要一页一页地重复制作这些网页。在 Dreamweaver 8 中，可以将网页结构相同的网页做成库模板，然后通过模板创建网页。当模板被修改时，使用模板的网页也会自动进行更新。如果说库项目解决的是网页内容相同的问题，那么模板解决的恰恰是网页结构相同的问题。在 Dreamweaver 8 中，创建的模板文件的文件扩展名为".dwt"，保存在"Templates"文件夹内，"Templates"文件夹是自动生成的，不能对其名称进行修改。下面介绍创建和应用模板的方法。

8.2.1　创建模板文件

　　新建模板文件通常有两种方法：一种是通过【资源】面板，另一种是通过【新建文档】命令。下面通过具体操作介绍新建模板文件的方法。

【例8-3】　新建模板文件。

操作步骤

(1) 在【资源】面板中，单击左侧的 ▦（模板）按钮切换至【模板】分类。

(2) 单击面板右下角的 ⊞ 按钮新建一个模板，然后输入新的模板名称"index8"，并按 Enter 键确认，如图 8-14 所示。

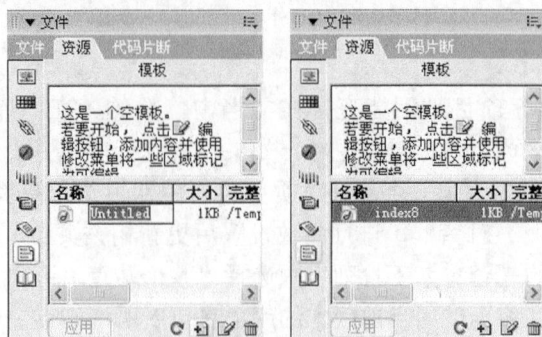

图8-14 新建模板文件

下面通过【新建文档】对话框创建模板。

(3) 选择【文件】/【新建】命令，打开【新建文档】对话框，然后在【常规】选项卡中选择【基本页】/【HTML 模板】选项，如图 8-15 所示。

(4) 单击 ⌈ 创建(R) ⌋ 按钮打开一个空白文档窗口，添加模板对象后进行保存即可，这里暂不添加模板对象。

(5) 选择【文件】/【保存】命令，弹出提示对话框，如图 8-16 所示。

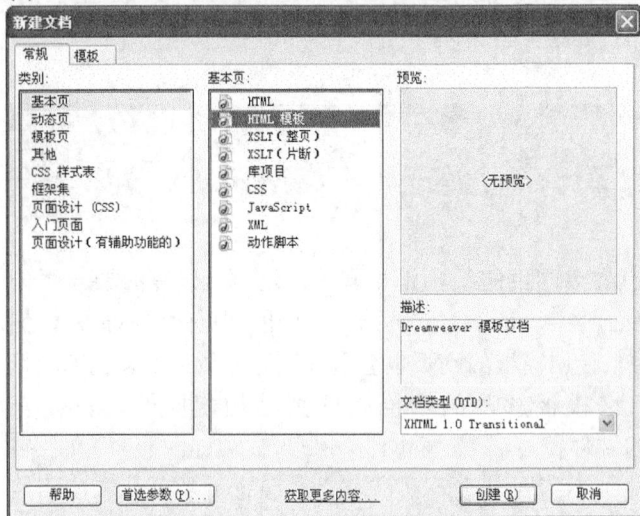

图8-15 选择【基本页】/【HTML 模板】

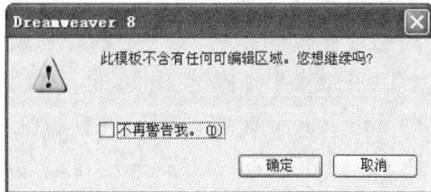

图8-16 提示对话框

(6) 单击 ⌈ 确定 ⌋ 按钮，弹出【另存为模板】对话框，在【另存为】文本框中输入模板名称 "index8-2"，如图 8-17 所示。

> 知识链接
>
> 下面对【另存为模板】对话框的相关选项简要说明如下。
> - 【站点】：在列表框中将显示在 Dreamweaver 中创建的所有站点，当站点超过一个时，需要在列表框中选择要保存模板文件所在的站点。
> - 【现存的模板】：将显示在【站点】列表框中所选择站点内的所有模板文件。
> - 【描述】：在文本框中可以输入对所创建模板的简要说明文本。
> - 【另存为】：在文本框中可以输入所要保存模板的新的文件名称，也可以直接在【现存的模板】列表框中选择现有的模板，此时名称将自动显示在该文本框，保存时将覆盖原有模板文件。

(7) 单击 ⌈ 保存 ⌋ 按钮，在【资源】面板的【模板】分类中增加了模板文件 "index8-2"，如图 8-18 所示。

图8-17 【另存为模板】对话框

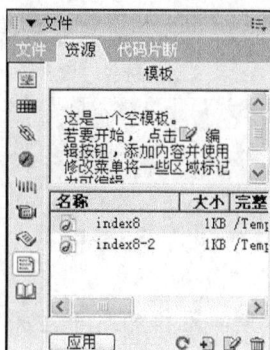

图8-18 创建模板文件

案例小结

　　创建模板文件通常有直接创建模板和将现有网页另存为模板两种方式，上面介绍的是直接创建空白模板文件的方法。将现有网页保存为模板是一种比较快捷的方式，方法是，打开一个现有的网页，删除其中不需要的内容，并设置模板对象，然后选择菜单命令【文件】/【另存为模板】，打开【另存模板】对话框，将当前的文档保存为模板文件。

　　如果要删除已经存在的模板，在【资源】面板的【模板】分类中选择要删除的模板，然后单击面板右下角的 🗑 按钮，或在键盘上按 Delete 键即可将模板删除。

8.2.2　添加模板对象

　　上面创建的是一个空白模板文件，只有添加了模板对象才有实际意义。比较常用的模板对象有可编辑区域、重复区域和重复表格。

　　可编辑区域是指可以对其进行添加、修改和删除网页元素等操作的区域。当创建了一个可编辑区域后，在该区域内不能再继续创建可编辑区域。

　　重复区域是指可以复制任意次数的指定区域。重复区域不是可编辑区域，若要使重复区域中的内容可编辑，必须在重复区域内插入可编辑区域或重复表格。在一个重复区域内可以继续插入另一个重复区域。整个被定义为重复区域的部分都可以被重复使用。

　　重复表格是指包含重复行的表格格式的可编辑区域，可以定义表格的属性并设置哪些单元格可编辑。重复表格可以被包含在重复区域内，但不能被包含在可编辑区域内。

　　可通过【属性】面板修改模板对象的名称，方法是单击模板对象的名称或者将光标定位在模板对象处选择模板对象，然后在工作区下面选择相应的标签，在选择模板对象时会显示其【属性】面板，在【属性】面板中修改模板对象名称即可。

　　下面具体介绍在模板中添加可编辑区域、重复区域和重复表格的方法。

【例8-4】　创建模板文件。

操作步骤

(1) 接上例。在模板文档"index8-2"中，选择【修改】/【页面属性】命令，打开【页面属性】对话框，设置页面字体为"宋体"，文本大小为"12像素"。

(2) 在【资源】面板的【库】分类中，选中库项目"top.lbi"，然后单击【资源】面板底部的 插入 按钮，将库项目插入到文档中。

(3) 选中库项目 "top.lbi"，然后选择【插入】/【表格】命令插入一个 1 行 2 列的表格，属性设置如图 8-19 所示。

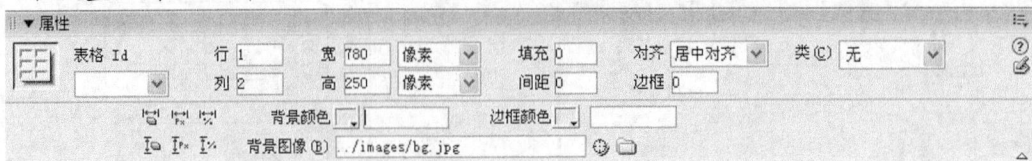

图8-19 表格【属性】面板

(4) 设置左侧单元格的水平对齐方式为 "居中对齐"，垂直对齐方式为 "顶端"，宽度为 "350 像素"，右侧单元格的水平对齐方式为 "居中对齐"。

(5) 将光标置于右侧单元格中，选择【插入】/【模板对象】/【可编辑区域】命令，打开【新建可编辑区域】对话框，在【名称】文本框中输入文本 "图像"，单击 确定 按钮，在单元格内插入名称为 "图像" 的可编辑区域，如图 8-20 所示。

> **要点提示** 也可在【插入】/【常用】面板的【模板】按钮组中单击 （可编辑区域）按钮，打开【新建可编辑区域】对话框插入可编辑区域。

(6) 将光标置于左侧单元格中，选择【插入】/【模板对象】/【重复表格】命令，打开【插入重复表格】对话框，并进行参数设置，如图 8-21 所示。

图8-20 【新建可编辑区域】对话框

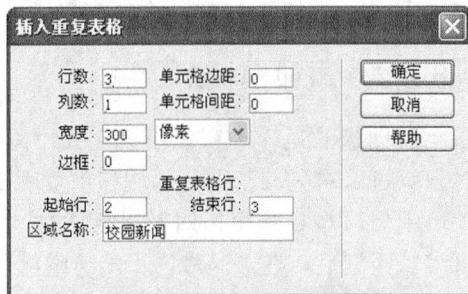

图8-21 【插入重复表格】对话框

> **要点提示** 也可以在【插入】/【常用】面板的【模板】按钮组中单击 （重复表格）按钮，打开【插入重复表格】对话框插入重复表格。

> **知识链接** 如果在【插入重复表格】对话框中不设置【单元格边距】、【单元格间距】和【边框】的值，则大多数浏览器按【单元格边距】为 "1"、【单元格间距】为 "2"、【边框】为 "1" 显示表格。【插入重复表格】对话框的上半部分与普通的表格参数没有什么不同，重要的是下半部分的参数，下面进行简要介绍。
> - 【重复表格行】：用于指定表格中的哪些行包括在重复区域中。
> - 【起始行】：用于设置重复区域的第 1 行。
> - 【结束行】：用于设置重复区域的最后 1 行。
> - 【区域名称】：用于设置重复表格的名称。

(7) 单击 确定 按钮插入重复表格，选中重复表格，在【属性】面板中设置表格的对齐方式为 "居中对齐"，然后设置第 1 行单元格的水平对齐方式为 "左对齐"，高度为 "70"，第 2 行和第 3 行单元格的水平对齐方式为 "左对齐"，高度为 "25"，如图 8-22 所示。

图8-22　插入重复表格

(8)　在第 1 行单元格中插入图像 "title.jpg"，然后单击 "EditRegion4"，在【属性】面板中将其名称修改为 "内容1"，如图 8-23 所示。

图8-23　修改重复表格中的可编辑区域名称

(9)　运用同样的方法将 "EditRegion5" 修改为 "内容 2"。

(10)　将光标置于上面最外层表格的后面，然后插入库项目 "foot.lbi"。

(11)　保存文件，结果如图 8-24 所示。

图8-24　制作的网页模板

案例小结

上面介绍了插入可编辑区域和重复表格的方法，插入重复区域的方法是，选择【插入】/【模板对象】/【重复区域】命令，打开【新建重复区域】对话框，在【名称】文本框中输入重复区域名称，单击 ▭确定 按钮即可插入重复区域，如图 8-25 所示。但是单独插入重复区域没有实际意义，它必须与可编

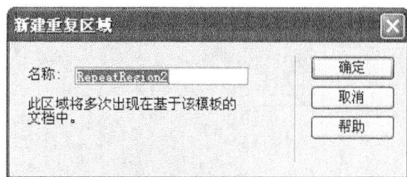

图8-25　插入重复区域

辑区域或重复表格配合使用，例如，在一个页面中有多个纵向栏目结构是相同的，就可先插入重复区域，然后在重复区域中插入相关网页元素，最后在适当的位置插入可编辑区域。

也可在【插入】/【常用】面板的【模板】按钮组中单击 📥 （重复区域）按钮，打开【新建重复区域】对话框插入重复区域。

8.2.3 使用模板创建网页

创建模板的目的在于使用模板生成网页，下面介绍通过模板生成网页的方法。

【例8-5】 使用模板创建网页。

操作步骤

(1) 接上例。选择【文件】/【新建】命令，打开【新建文档】对话框，在【模板】选项卡中选择【index8-2】并勾选【当模板改变时更新页面】复选框，如图 8-26 所示。

如果在 Dreamweaver 中已经定义了多个站点，这些站点会依次显示在【模板用于】列表框中，在列表框中选择一个站点，在右侧的列表框中就会显示这个站点中的模板。

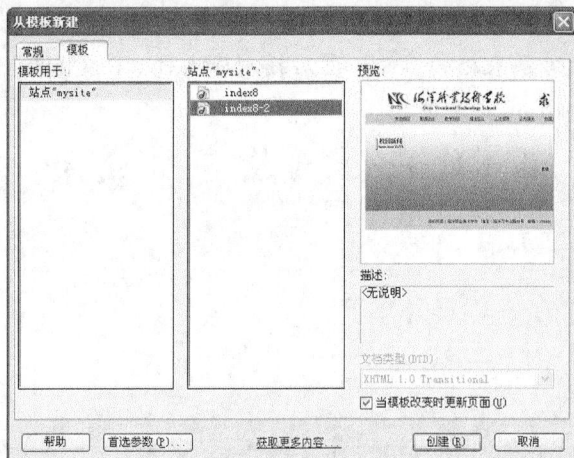

图8-26 选择【index8-2】

(2) 单击 创建(R) 按钮，创建并打开基于模板的文档，然后将文档保存为 "index8-2.html"，如图 8-27 所示。

图8-27 根据模板创建文档

(3) 根据需要将可编辑区域中的现有提示文本删除并添加新内容即可，其中，单击 + 按钮可以添加一个重复栏目，如果要删除已经添加的重复栏目，可以先选择该栏目，然后单击 — 按钮，如图 8-28 所示。

图8-28 添加内容后的页面效果

> **要点提示**
> 由于模板对象都有自己的名称并显示在文档中，因此根据模板创建的文档看起来不美观，但这些名称和其他标记在浏览器中是不显示的。

(4) 保存文件，在浏览器中的效果如图 8-29 所示。

图8-29 在浏览器中的效果

案例小结

上面的操作是从模板新建网页，另外还可以在已存在页面中应用模板。首先打开要应用模板的网页文档，然后选择菜单命令【修改】/【模板】/【应用模板到页】，或在【资源】面板的模板列表框中选中要应用的模板，再单击面板底部的 应用 按钮，即可应用模板。如果已打开的文档是一个空白文档，文档将直接应用模板；如果打开的文档是一个有内容的文档，这时通常会打开一个【不一致的区域名称】对话框，该对话框会提示用户将文档中的已有内容移到模板的相应区域。

在【资源】面板中修改、更新和删除模板的方法与对库进行操作是一样的，这里不再赘述。

如果一个文档应用了模板，属于模板的内容是不能直接在文档中修改的，如果要修改只能修改原模板然后进行更新。如果确实要在文档中修改属于模板部分的内容，就必须先将文档与模板分离，方法是，选择【修改】/【模板】/【从模板中分离】命令。但是如果在模板中应用了库项目，将文档与模板分离时，只能分离属于模板部分的内容，库项目将直接引用在文档中，这时再将文档与库项目进行分离即可。

 习题

1. 创建一个库项目，然后将其插入到网页中，最终效果如图 8-30 所示。

步骤提示

① 创建库项目并保存为"ad.lbi"。

② 在库项目中插入图像"ad.jpg"。

③ 打文档"lianxi-1.html"，在空白单元格中插入库项目并保存文档。

青少年留学风日盛 英语培训持续升温

　　如今出国留学已成为不少大学生毕业后的选择，出国留学日渐成为了一种"时尚"。但最近公布的《2011年中国留学生意向调查》结果显示，希望在初中、高中阶段留学的学生数量占有留学意向学生总数比例不断增加。由于出国留学的不断小龄化，使得青少年寒假英语培训市场不断扩大。据著名外语培训机构一楠学校官网数据显示，2010年赴海外就读高中的学生比往年增加了两到三成，高中及高中以下学历的留学生已占到留学生总数的19.75%，这些学生中，绝大多数是未满18周岁的高中生、初中生，甚至是小学生。

　　随着国内生活水平的日益提高，不少有一定经济实力的家庭希望把孩子早日送出国去深造。不少家长都认为，让孩子学习英语是越早越好，而学英语最重要的是语言环境，所以他们认为早日让孩子出国是最佳的选择。也正是基于这种想法，进而催生了青少年出国留学热，同时在一定程度上也带火了青少年英语培训热。著名外语培训机构专家介绍："对于孩子的外语教育从小抓起是无可厚非的，尤其是幼儿英语培训，在3岁开始学很合适了。但对于中小学生过早出国留学的问题还值得商榷。"

　　对于青少年英语培训，一楠学校推出了不少适合青少年学生学习的特色英语培训课程。其中新概念英语系列课程、三一口语课程以及外教口语课程都备受中小学生青睐。从教学模式上看，一楠学校还推出了更具特色的"一对一"英语培训课程以及"自由人课程"。据编者了解，选择"一对一"英语培训课程的学生以初三、高三面临升学压力的孩子为主，他们都希望在最后一段时间在英语学习上能有所突破。而"自由人课程"则更受到非毕业年级学生及其家长的欢迎。不少学生及家长都希望能有更富有弹性的课程时间安排，因而"自由人课程"备受学员追捧。同时"自由人课程"可以让学员在不同的时间，感受不同老师的授课，最终以确定最适合自己的讲师和学习方法，让学员的学习掌握更多的主动性。

图8-30　插入库项目

2. 创建一个模板，然后根据模板创建网页，在浏览器中的效果如图 8-31 所示。

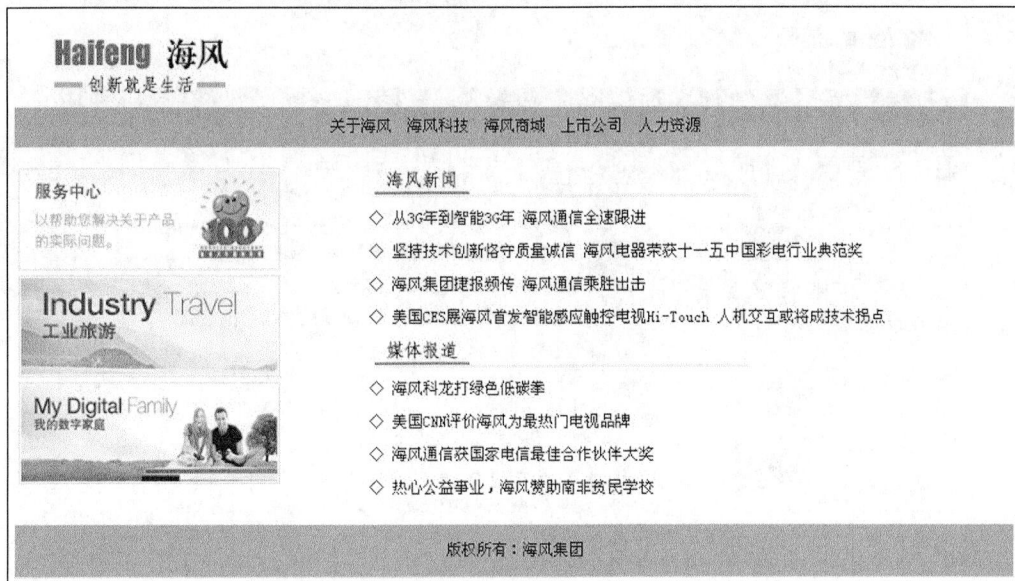

图8-31 创建模板网页

步骤提示

（1）创建一个模板文档，如图 8-32 所示。

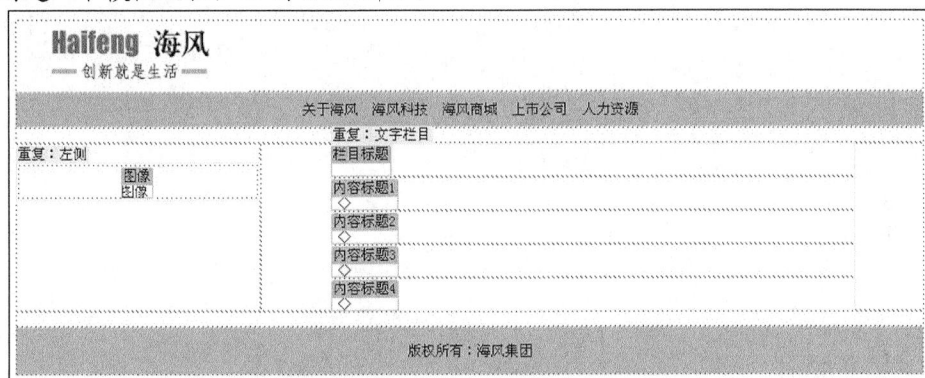

图8-32 模板文档

（2）在模板左侧单元格中先插入一个重复区域，在重复区域中插入一个 1 行 1 列宽为"100%"的表格，单元格间距为"1"，然后在单元格中插入可编辑区域。

（3）在右侧单元格中插入一个重复表格，参数设置如图 8-33 所示。

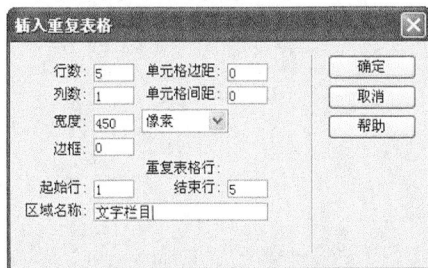

图8-33 【插入重复表格】对话框

（4）保存模板，并根据模板生成一个网页文档，然后添加内容，如图 8-34 所示。

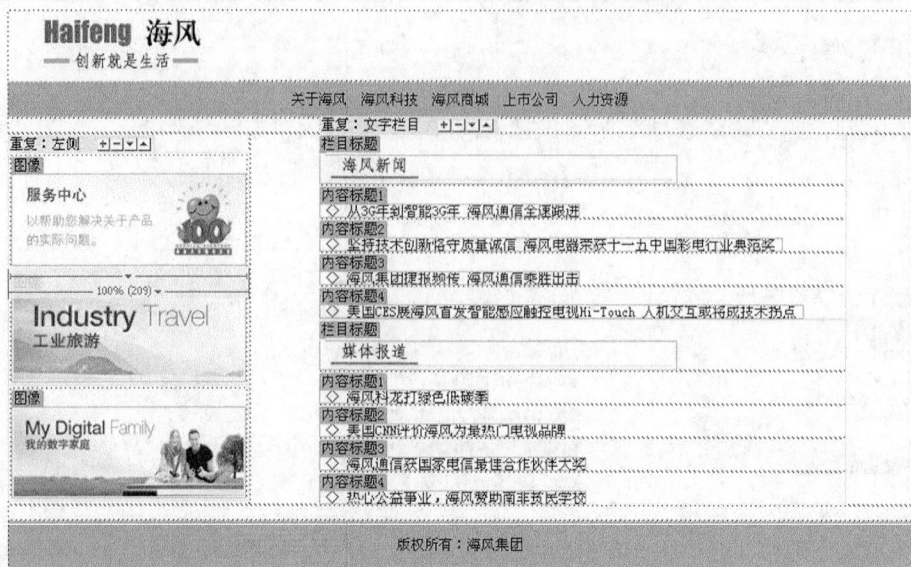

图8-34　根据模板生成网页

3.　根据自己的爱好自行搜集素材，然后根据本章所学习知识设计制作网页。

第9章 使用 CSS 和 Div 标签

使用 CSS 可以非常灵活并更好地控制页面的外观，从精确的布局定位到特定的字体和样式等；使用 Div 标签可以在文档中创建一个具有独立属性的区域。本章将介绍 CSS 和 Div 标签的基本知识以及使用 CSS 与 Div 标签进行网页布局的基本方法。

学习目标
- 了解 CSS 样式的类型和属性。
- 掌握创建和应用 CSS 样式的方法。
- 掌握插入 Div 标签的方法。
- 掌握使用 CSS 样式与 Div 标签进行网页布局的方法。

9.1 使用 CSS 样式

CSS 是 Cascading Style Sheet 的缩写，可译为"层叠样式表"或"级联样式表"。下面对 CSS 进行简要介绍。

9.1.1 认识 CSS 样式

CSS 是一组样式设置规则，用于控制 Web 页面的外观。通过使用 CSS 样式设置页面的格式，可将页面的内容与表现形式分离。页面内容存放在 HTML 文档中，而用于定义表现形式的 CSS 规则存放在另一个文件中或 HTML 文档的某一部分，通常为文件头部分。将内容与表现形式分离，不仅可使维护站点的外观更加容易，而且还可以使 HTML 文档代码更加简练，缩短浏览器的加载时间。

1. CSS 语法

CSS 语法格式：选择器{属性:值}。

CSS 样式设置规则由 3 部分组成：选择器、属性和值。如果需要对一个选择器指定多个属性，这些属性可以写在一行，也可以每个属性占一行，属性与属性之间必须使用分号隔开。属性和值要用冒号隔开，如果属性的值由多个单词组成，必须在值上加引号。可以把相同属性和值的选择器组合起来书写，用逗号将选择器分开。例如：

```
h1,p{font-family:"黑体,宋体";font-size: 24px}
```

也可以写成以下格式：

```
h1,p{
    font-family: "黑体,宋体";
font-size: 24px;
}
```

上例表示，使用标签 h1 和 p 的文本字体是黑体（如果没有黑体则使用宋体），大小是 24px，即 24 像素。

2. CSS 的类型

在 Dreamweaver 8 中，根据选择器的不同，CSS 样式有 3 种类型：类、标签和高级。

(1) 类：可创建自定义名称的 CSS 样式，能够应用在网页中的任何标签上，类样式以点（.）开头。例如，可以在样式表中加入 ".pstyle" 类样式，代码如下：

```
.pstyle{font-family: "宋体";    font-size: 12px}
```

在网页文档中使用 class 属性引用类，凡是含有 "class="pstyle""（在引用时类名称前没有点标识）的标签都应用该样式，class 属性用于指定元素属于何种样式的类。

(2) 标签：可对 HTML 标签进行重新定义、规范或者扩展其属性，样式名称就是 HTML 标签名称。例如，当创建或修改 p 标签的 CSS 样式时，所有用 p 标签进行格式化的文本都将被立即更新，如下面的代码：

```
p{font-family: "宋体";font-size: 12px}
```

因此，重定义标签时应多加小心，因为这样做有可能会改变许多页面的布局。比如说，如果对 table 标签进行重新定义，就会影响到其他使用表格的页面的布局。

(3) 高级：可以创建标签组合、标签嵌套、id 名称等形式的高级 CSS 样式。

- 标签组合格式，即同时为多个 HTML 标签定义相同的样式，例如：

```
h1,p{font-size: 12px}
a:link,a:visited{color: #000000; text-decoration: none}
```

- 标签嵌套格式，例如，每当标签 h2 出现在表格单元格内时使用的格式是：

```
td h2{font-size: 18px}
```

- id 名称格式，例如：

```
#mystyle{ font-family: "宋体"; font-size: 12px}
```

可以通过 ID 属性应用到 id 名称为 "mystyle" 的标签上。

```
<P ID= "mystyle" >…</P>
```

整个文档中的每个 ID 属性的值都必须是唯一的，其值必须以字母开头，然后紧接字母、数字或连字符，字母限于 A～Z 和 a～z。

- 高级 CSS 样式有时也会是多种形式的组合，例如：

```
#mytable td a:link, #mytable td a:visited{color: #000000}
```

3. 网页引用 CSS 的方式

网页引用 CSS 样式表的方式有以下几种。

(1) 内嵌式，即将样式表内嵌在 HTML 文档头部分，例如：

```
<html>
<head>
<title>文档标题</title>
<style type="text/css">
<!--
.pstyle {
line-height: 20px;
```

```
}
-->
</style>
</head>
...
```

这里将 style 对象的 type 属性设置为"text/css",是允许不支持 CSS 的浏览器忽略样式表。

(2) 内联式,即在对象的标记内使用 style 属性定义适用其的样式表属性,例如:

```
<p style="font-size:24px; color:#FF0000">…</p>
```

(3) 外部样式表,即单独定义样式表文件,然后将样式表文件附加到 HTML 文档,附加的方式有两种:链接和导入。链接和导入外部样式的功能基本相同,只是语法和实现方式上有差别。其中,链接方式的 HTML 格式(XHTML 格式会在<link>标签中最后面添加"/")如下:

```
<html>
<head>
<title>无标题文档</title>
<style type="text/css">
<!--
<link href="mystyle.css" rel="stylesheet" type="text/css">
-->
</style>
</head>
...
```

导入方式的格式如下:

```
<html>
<head>
<title>无标题文档</title>
<style type="text/css">
<!--
@import url("mystyle.css");
-->
</style>
</head>
...
```

9.1.2 创建 CSS 样式

在 Dreamweaver 8 中,创建 CSS 样式的操作是一个完全可视化的过程。下面通过具体操作说明创建 CSS 样式的方法。

【例9-1】 创建 CSS 样式。

操作步骤

图9-1 【CSS 样式】面板

(1) 将素材文件复制到站点根文件夹下，然后新建文档 "index9.html"，选择【窗口】/【CSS 样式】命令，打开【CSS 样式】面板，如图 9-1 所示。

(2) 单击面板底部的 按钮，打开【新建 CSS 规则】对话框，在【选择器类型】选项组中选择要创建的 CSS 样式的类型，如【标签】选项，并在【标签】下拉列表中选择 HTML 标签，如 "body"，如图 9-2 所示。

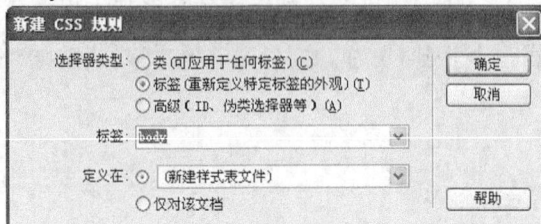

图9-2 【新建 CSS 规则】对话框

> 知识链接
>
> 在【所有规则】列表中，每选择一个规则，在【属性】列表中将显示相应的属性和属性值。单击 全部 按钮，将显示文档所涉及的全部 CSS 样式；单击 正在 按钮，将显示文档中光标所在处正在使用的 CSS 样式。在【CSS 样式】面板的底部有 7 个按钮，功能说明如下。
>
> - （显示类别视图）：将 Dreamweaver 8 支持的 CSS 属性划分为 8 个类别，每个类别的属性都包含在一个列表中，单击类别名称旁边的 图标将其展开或折叠。
> - A‑z↓（显示列表视图）：按字母顺序显示 Dreamweaver 8 所支持的 CSS 属性。
> - **↓（只显示设置属性）：仅显示已设置的 CSS 属性，此视图为默认视图。
> - （附加样式表）：选择要链接或导入到当前文档中的外部样式表。
> - （新建 CSS 规则）：新建 Dreamweaver 8 所支持的 CSS 规则。
> - （编辑样式）：编辑当前文档或外部样式表中的样式。
> - （删除 CSS 规则）：删除【CSS 样式】面板中的所选规则或属性，并从应用该规则的所有元素中删除格式（但不能删除对该样式的引用）。

> 要点提示
>
> 在【选择器类型】选项组中选择不同的选项，对话框的内容也有所不同，当选择【类】选项时，对话框中的【标签】变成了【名称】；当选择【高级】选项时，对话框中的【标签】变成了【选择器】。

(3) 在【定义在】下拉列表中选择 CSS 样式的存放位置，如【(新建样式表文件)】选项。

> 知识链接
>
> 【定义在】选项右侧是两个单选按钮，它们决定了所创建的 CSS 样式的保存位置。
>
> - 【仅对该文档】：将 CSS 样式保存在当前的文档中，包含在文档的头部标签<head>…</head>内。
> - 【新建样式表文件】：将新建一个专门用来保存 CSS 样式的文件，它的文件扩展名为 ".css"，如果在站点中已有创建的 CSS 样式文件，在下拉列表中也将显示这些 CSS 样式文件名称，供用户选择，也就是说，在这种情况下，既可以创建新的样式表文件，也可以将样式保存在已有的样式表文件中。

(4) 单击 确定 按钮打开【保存样式表文件为】对话框，设置样式表文件的保存位置和名称，如图 9-3 所示。

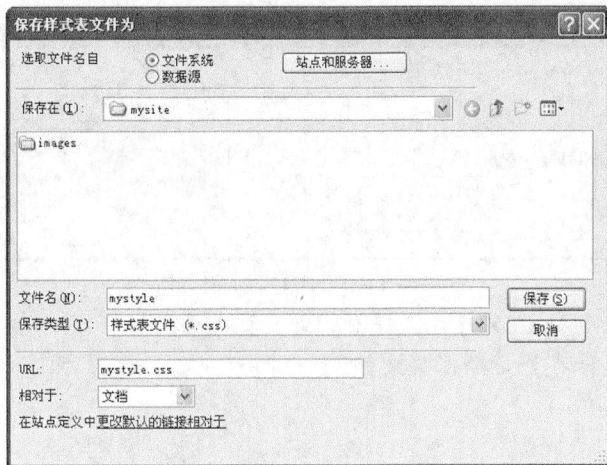

图9-3 【保存样式表文件为】对话框

(5) 单击 保存(S) 按钮，打开【body 的 CSS 规则定义（在 mystyle.css 中）】对话框，在【类型】分类中进行 CSS 样式设置，如图 9-4 所示。

(6) 单击 确定 按钮完成设置并关闭对话框，此时在【CSS 样式】面板中出现了上面定义的标签 CSS 样式 "body"，如图 9-5 所示。

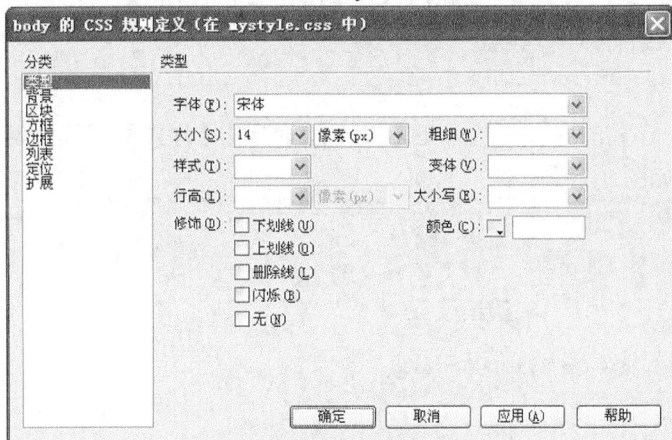

图9-4 【类型】分类

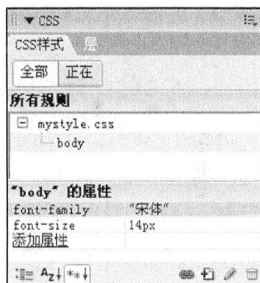

图9-5 【CSS 样式】面板

(7) 选择【文件】/【保存全部】命令保存 HTML 文档和 CSS 文档。

9.1.3 附加 CSS 样式表

外部样式表通常是供多个网页使用的，其他网页文档要想使用已创建的外部样式表，必须通过【附加样式表】命令将样式表文件链接或者导入到文档中。

【例9-2】 创建 CSS 样式。

操作步骤

(1) 打开文档 "index9-1-3.html"，在【CSS 样式】面板中单击 （附加样式表）按钮，打开【链接外部样式表】对话框。

(2) 在【文件/URL】列表框中输入或选择 "mystyle.css"，在【添加为】选项组中选择 "链接"，如图 9-6 所示。

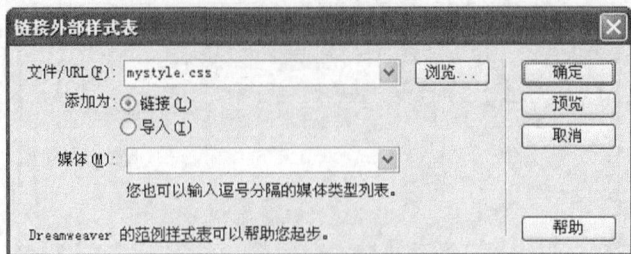

图9-6 【链接外部样式表】对话框

(3) 单击 [确定] 按钮将 CSS 样式文件附加到网页文档。

(4) 选择【文件】/【保存】命令保存文档。

 案例小结

将 CSS 样式表引用到文档中, 既可以选择【链接】方式, 也可以选择【导入】方式。
如果要将一个 CSS 样式文件引用到另一个 CSS 样式文件中, 只能使用【导入】方式。

9.1.4 应用 CSS 样式

在已经创建好的 CSS 样式中, 标签 CSS 样式、高级 CSS 样式基本上都是自动应用的,
类样式的应用需要进行手动设置, 方法有以下几种。

1. 通过【属性】面板

在文档中首先选中要应用 CSS 样式的内容, 然后在【属性】面板的【样式】下拉列表
中选择已经创建好的类 CSS 样式, 如图 9-7 所示。

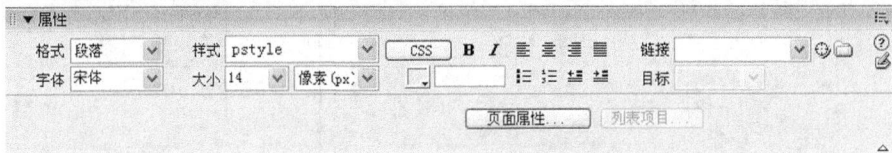

图9-7 通过【属性】面板应用样式

2. 通过菜单命令【文本】/【CSS 样式】

首先选中要应用 CSS 样式的内容, 然后选择菜单命令【文本】/【CSS 样式】, 从下拉菜
单中选择预先设置好的样式名称, 这样就可以将被选择的样式应用到所选的内容上, 如图 9-8
所示。

3. 通过【CSS 样式】面板下拉菜单中的【套用】命令

首先选中要应用 CSS 样式的内容, 然后在【CSS 样式】面板中选中要应用的样式, 再
在面板的右上角单击 按钮, 或者直接单击鼠标右键, 从弹出的下拉菜单中选择【套用】
命令即可应用样式, 如图 9-9 所示。

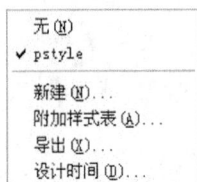

图9-8 通过菜单命令【文本】/【CSS 样式】应用样式

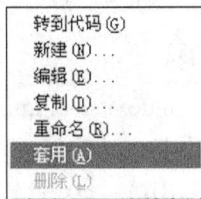

图9-9 通过【套用】命令应用样式

9.1.5 CSS 样式的属性

Dreamweaver 8 将 CSS 样式的属性分为 8 大类：类型、背景、区块、方框、边框、列表、定位和扩展，下面进行简要介绍。

1. 类型

类型属性主要用于定义网页中文本的字体、大小、颜色、样式、行高及文本链接的修饰效果等，参考图 9-4。【类型】分类对话框全部是针对网页中的文本的，下面对其中的部分选项进行介绍（限于篇幅，通俗易懂的选项不再详细介绍，下同）。

- 【行高】：用于设置行与行之间的垂直距离，有【正常】和【(值)】（常用单位为"像素"）两个选项。
- 【文本修饰】：用于控制文本的显示形态，有【下划线】、【上划线】、【删除线】、【闪烁】和【无】（使上述效果都不会发生）5 种修饰方式可供选择。

2. 背景

背景属性主要用于设置背景颜色或背景图像，其属性对话框如图 9-10 所示。下面对【背景】分类对话框中的选项进行介绍。

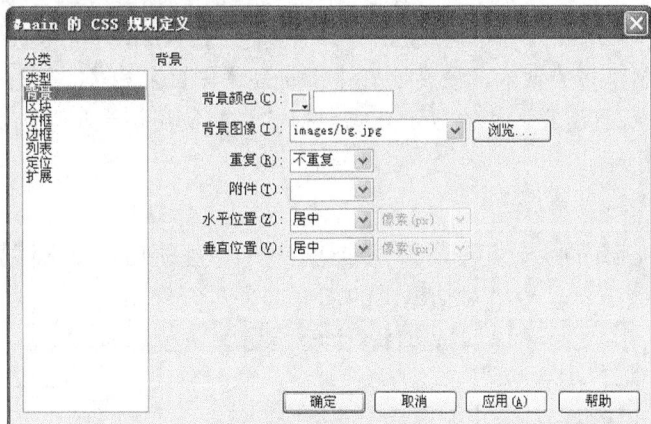

图9-10 【背景】分类

- 【背景颜色】和【背景图像】：用于设置背景颜色和背景图像。
- 【重复】：用于设置背景图像的平铺方式，有【不重复】、【重复】（图像沿水平、垂直方向平铺）、【横向重复】（图像沿水平方向平铺）和【纵向重复】（图像沿垂直方向平铺）4 个选项。
- 【附件】：用来控制背景图像是否会随页面的滚动而一起滚动，有【固定】（文字滚动时背景图像保持固定）和【滚动】（背景图像随文字内容一起滚动）两个选项。
- 【水平位置】和【垂直位置】：用来确定背景图像的水平/垂直位置，选项有【左对齐】、【右对齐】、【顶部】、【底部】、【居中】和【(值)】（自定义背景图像的起点位置，可对背景图像的位置做出更精确的控制）。

3. 区块

区块属性主要用于控制网页元素的间距、对齐方式等，其属性对话框如图 9-11 所示。下面对【区块】分类对话框中的部分选项进行介绍。

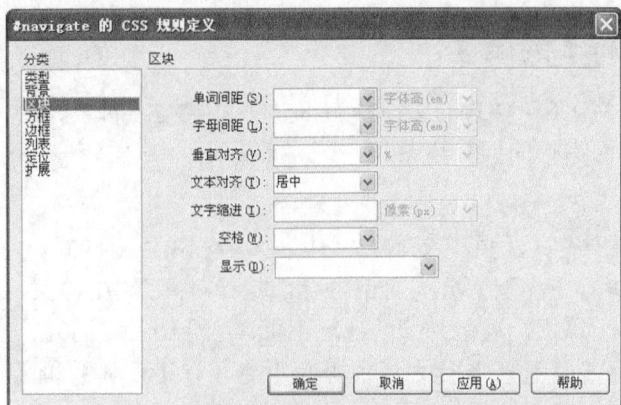

图9-11 【区块】分类

- 【文本对齐】：用于设置区块的水平对齐方式，选项有【左对齐】、【右对齐】、【居中】和【两端对齐】。
- 【文字缩进】：用于控制区块的缩进程度。
- 【空格】：在 HTML 中，空格是被省略的，也就是说，在一个段落标签的开头无论输入多少个空格都是无效的。要输入空格有两种方法，一是直接输入空格的代码 " "，再者是使用<pre>标签。在 CSS 中则使用属性 "white-space" 控制空格的输入，该属性有【正常】、【保留】和【不换行】3 个选项。
- 【显示】：用于设置区块的显示方式，初学者在使用该选项时，其中的【块】可能经常用到。

4. 方框

CSS 将网页中所有的块元素都看作是包含在一个方框中的。【方框】分类对话框如图 9-12 所示。下面对【方框】分类对话框中的部分选项进行介绍。

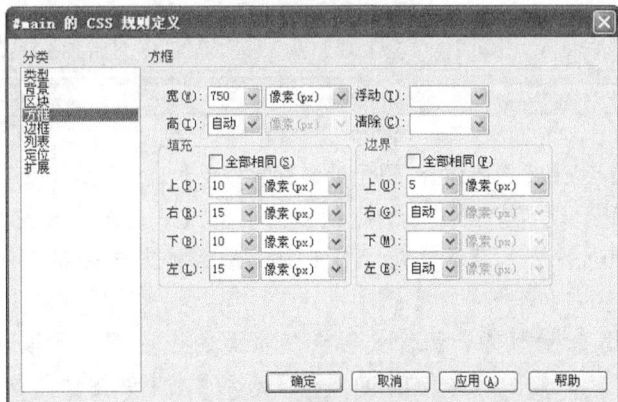

图9-12 【方框】分类

- 【宽】和【高】：用于设置方框本身的宽度和高度。
- 【浮动】：用于设置块元素的对齐方式。
- 【清除】：用于清除设置的浮动效果。
- 【填充】：用于设置围绕块元素的空白大小，包含【上】（控制上空白的宽度）、【右】（控制右空白的宽度）、【下】（控制下空白的宽度）和【左】（控制左空白的宽度）4 个选项。

- 【边界】：用于设置围绕边框的边距大小，包含了【上】（控制上边距的宽度）、【右】（控制右边距的宽度）、【下】（控制下边距的宽度）、【左】（控制左边距的宽度）4 个选项，如果将对象的左右边界均设置为"自动"，可使对象居中显示，例如表格以及即将要学习的 Div 标签等。

5. 边框

网页元素边框的效果是在【边框】分类对话框中进行设置的，如图 9-13 所示。【边框】分类对话框中共包括 3 种 CSS 属性。

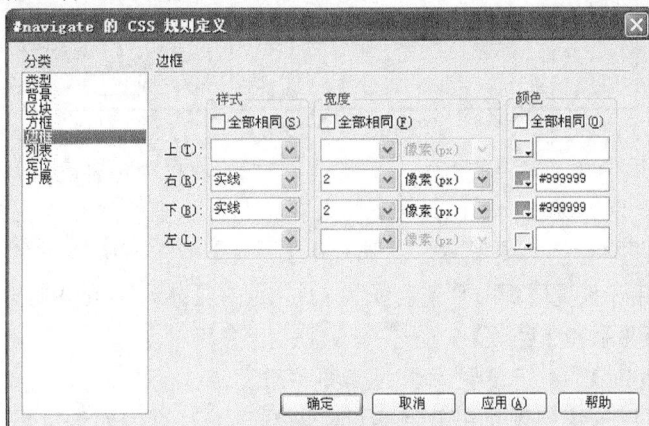

图9-13 【边框】分类

- 【样式】：用于设置上、右、下和左边框线的样式，共有【无】、【虚线】、【点划线】、【实线】、【双线】、【槽状】、【脊状】、【凹陷】和【凸出】9 个选项。
- 【宽度】：用于设置各边框的宽度，包括【细】、【中】、【粗】和【（值）】4 个选项，其中【（值）】的单位有"像素（px）"等。
- 【颜色】：用于设置各边框的颜色。

6. 列表

【列表】分类对话框用于控制列表内的各项元素，如图 9-14 所示。通过【列表】分类对话框不仅可以修改列表符号的类型，还可以使用自定义的图像来代替项目列表符号，这就使得文档中的列表格式有了更多的外观。使用【位置】选项可以定义列表符号的显示位置，有【外】（在方框之外显示）和【内】（在方框之内显示）两个选项。

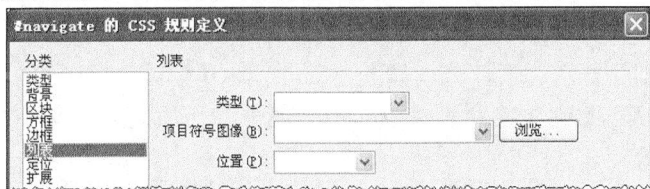

图9-14 【列表】分类

7. 定位

定位属性可以使网页元素随处浮动，这对于一些固定元素（如表格）来说是一种功能的扩展，而对于一些浮动元素（如层）来说却是有效的、用于精确控制其位置的方法，其分类对话框如图 9-15 所示。读者在学习了层的知识后再来理解【定位】分类对话框的内容，其效果会更好。【定位】分类对话框中主要包含以下 8 种 CSS 属性。

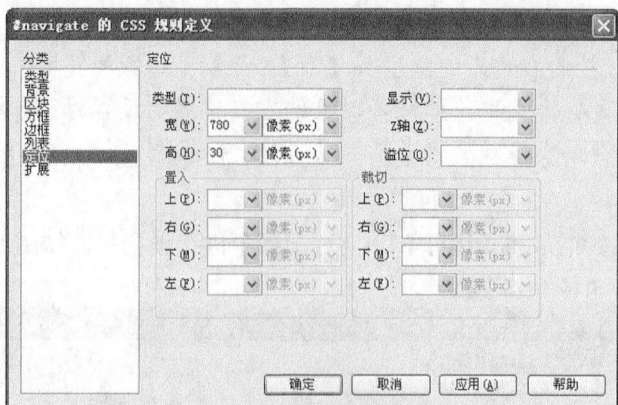

图9-15 【定位】分类

- 【类型】：用于确定定位的类型，共有【绝对】（使用坐标来定位元素，坐标原点为页面左上角）、【相对】（使用坐标来定位元素，坐标原点为当前位置）、【静态】（不使用坐标，只使用当前位置）和【固定】4 个选项。

- 【显示】：用于设置网页中的元素显示方式，共有【继承】（继承母体要素的可视性设置）、【可见】和【隐藏】3 个选项。

- 【宽】和【高】：用于设置元素的宽度和高度。

- 【Z 轴】：用于控制网页中块元素的叠放顺序，可以为元素设置重叠效果。该属性的参数值使用纯整数，数值大的在上，数值小的在下。

- 【溢出】：在确定了元素的高度和宽度后，如果元素的面积不能全部显示元素中的内容时，该属性便起作用了。该属性的下拉列表中共有【可见】（扩大面积以显示所有内容）、【隐藏】（隐藏超出范围的内容）、【滚动】（在元素的右边显示一个滚动条）和【自动】（当内容超出元素面积时，自动显示滚动条）4 个选项。

- 【置入】：为元素确定了绝对和相对定位类型后，该组属性决定元素在网页中的具体位置。

- 【裁切】：当元素被指定为绝对定位类型后，该属性可以把元素区域剪切成各种形状，但目前提供的只有方形一种，其属性值为 "rect(top right bottom left)"，即 "clip: rect(top right bottom left)"，属性值的单位为任何一种长度单位。

8. 扩展

【扩展】分类对话框包含两部分，如图 9-16 所示。【分页】栏中两个属性的作用是为打印的页面设置分页符。【视觉效果】栏中的两个属性的作用是为网页中的元素施加特殊效果，这里不再详细介绍。

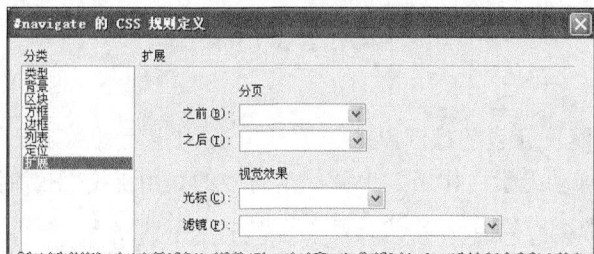

图9-16 CSS 的【扩展】分类对话框

9.2 使用 Div 标签

在现代网页布局中，Div 标签是经常使用到的，但 Div 本身只是一个区域标签，不能定位与布局，真正定位的是 CSS 代码。

9.2.1 插入 Div 标签

在网页文档中插入 Div 标签的方法是，选择【插入】/【布局对象】/【Div 标签】命令，或在【插入】/【布局】面板中单击 ▣ 按钮，打开【插入 Div 标签】对话框，如图 9-17 所示。在【插入】列表框中定义插入 Div 标签的位置，如果此时不定义 CSS 样式，可以单击 确定 按钮直接插入 Div 标签；如果此时需要定义 CSS 样式，可以在【ID】列表框中输入 Div 标签的 ID 名称，然后单击 新建 CSS 规则 按钮创建 ID 名称 CSS 样式，当然也可以在【类】列表框中输入类 CSS 样式的名称，然后再单击 新建 CSS 规则 按钮创建类 CSS 样式。不管使用哪种形式的 CSS 样式，建议都要对 Div 标签进行 ID 命名，以方便页面布局的管理。

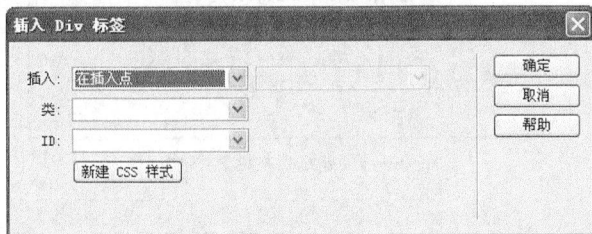

图9-17 【插入 Div 标签】对话框

9.2.2 使用 CSS+Div 进行网页布局

下面通过实例介绍使用 CSS+Div 进行网页布局的方法，实例效果如图 9-18 所示。

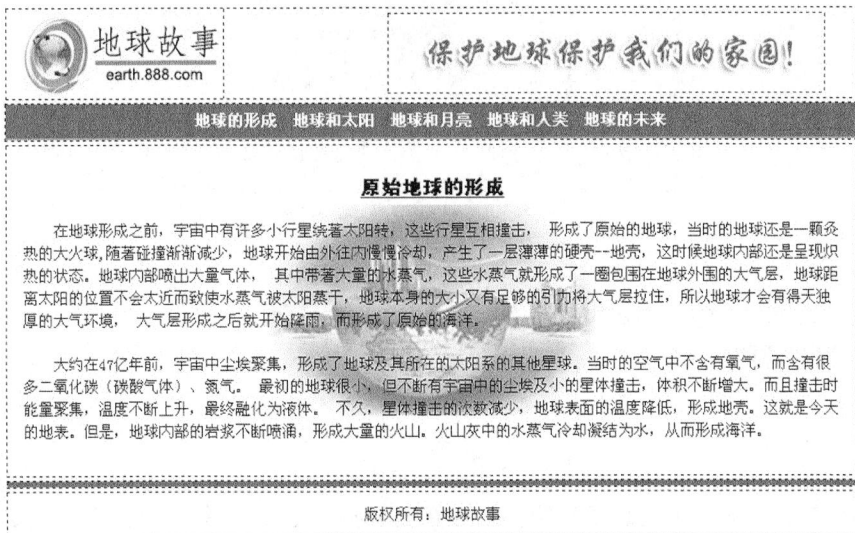

图9-18 使用 CSS+Div 进行网页布局的效果

【例9-3】 使用 CSS+Div 进行网页布局。

操作步骤

(1) 设置页眉部分。

① 打开文档 "index9.html"，选择【插入】/【布局对象】/【Div 标签】命令，打开【插入 Div 标签】对话框，参数设置如图 9-19 所示。

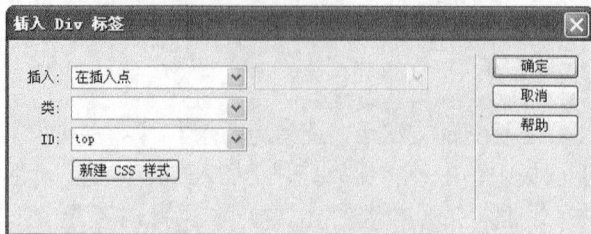

图9-19 【插入 Div 标签】对话框

② 单击 新建 CSS 规则 按钮，打开【新建 CSS 规则】对话框，参数设置如图 9-20 所示。

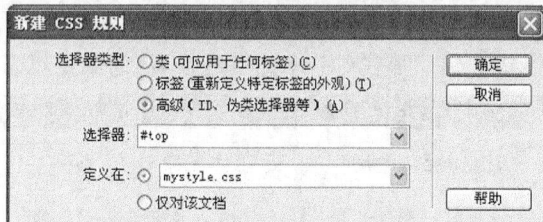

图9-20 【新建 CSS 规则】对话框

> **要点提示** 在创建高级 ID 名称 CSS 样式时，在【选择器】列表框中必须先输入 "#"，然后再输入 ID 名称，否则创建的 CSS 样式不起作用。

③ 单击 确定 按钮打开对话框，在【方框】分类中进行参数设置，如图 9-21 所示。

图9-21 创建高级 CSS 样式 "#top"

④ 连续两次单击 确定 按钮插入 Div 标签 "top"，如图 9-22 所示。

图9-22 插入 Div 标签 "top"

⑤ 将 Div 标签 "top" 中的文本删除，然后在其中插入 Div 标签 "logo"，对话框如图 9-23 所示。

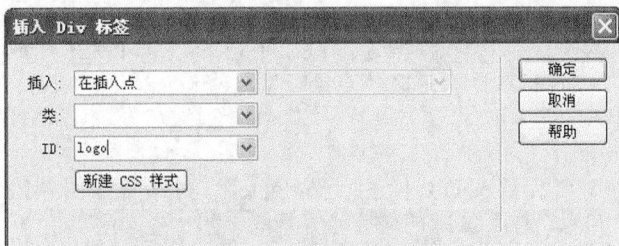

图9-23 【插入 Div 标签】对话框

⑥ 创建高级 ID 名称 CSS 样式 "#logo"，参数设置如图 9-24 所示。

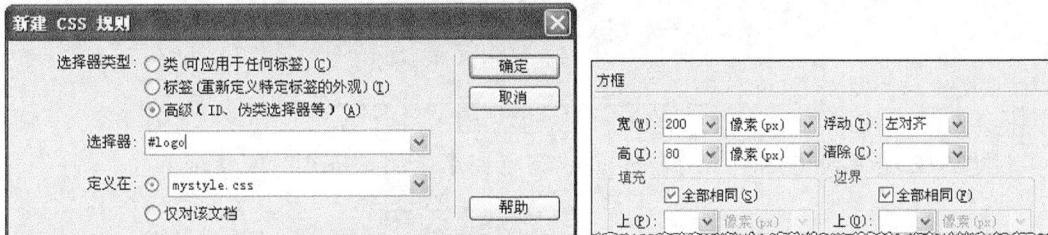

图9-24 创建高级 ID 名称 CSS 样式 "#logo"

⑦ 将 Div 标签 "logo" 中的文本删除，然后在其中插入图像 "images/logo.jpg"。

⑧ 在 Div 标签 "logo" 之后插入 Div 标签 "banner"，对话框如图 9-25 所示。

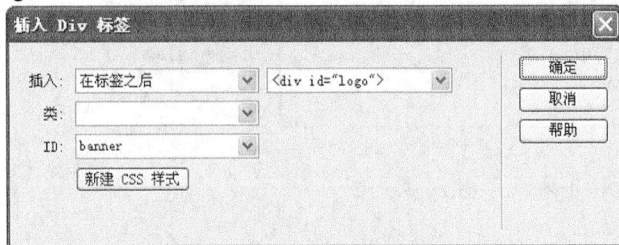

图9-25 【插入 Div 标签】对话框

⑨ 创建高级 ID 名称 CSS 样式 "#banner"，参数设置如图 9-26 所示。

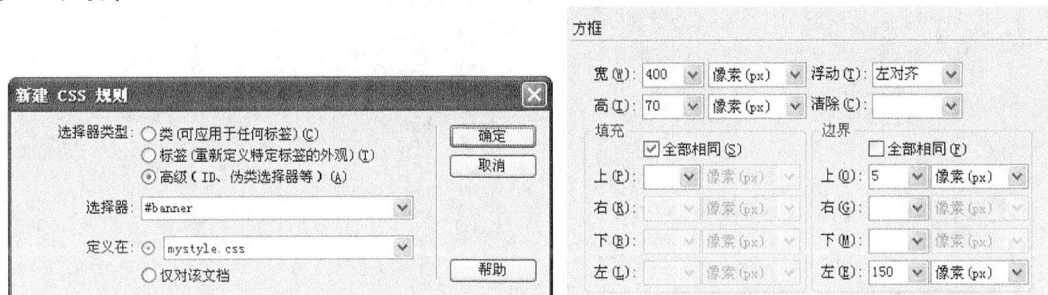

图9-26 创建高级 CSS 样式 "#banner"

⑩ 将 Div 标签 "banner" 中的文本删除，然后在其中插入图像 "images/banner.jpg"，如图 9-27 所示。

图9-27 插入图像 "images/banner.jpg"

Div 标签是可以嵌套的，在 Div 标签"top"内实际上嵌套了两个 Div 标签"logo"和"banner"。Div 标签要并行排列，必须设置其对齐方式。

(2) 设置导航栏部分。

① 在 Div 标签"top"之后插入 Div 标签"navigate"，对话框如图 9-28 所示。

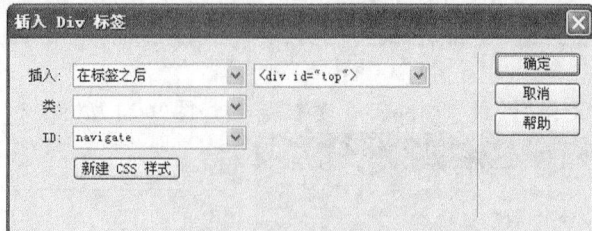

图9-28 【插入 Div 标签】对话框

② 创建高级 ID 名称 CSS 样式"#navigate"，行高参数设置如图 9-29 所示。

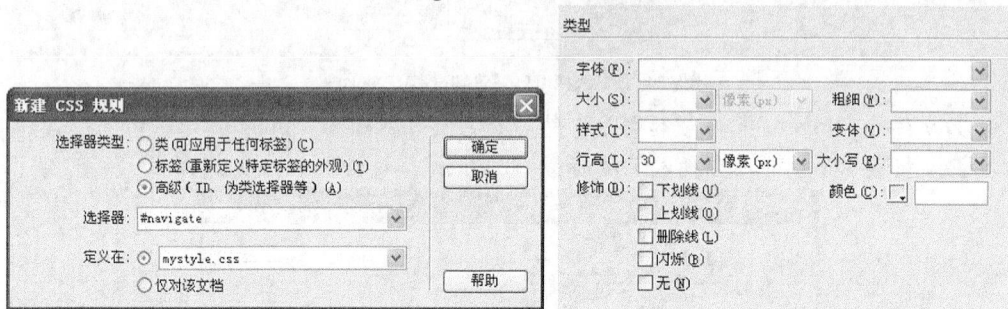

图9-29 创建高级 CSS 样式"#navigate"并设置行高

③ 背景颜色和文本对齐方式参数设置如图 9-30 所示。

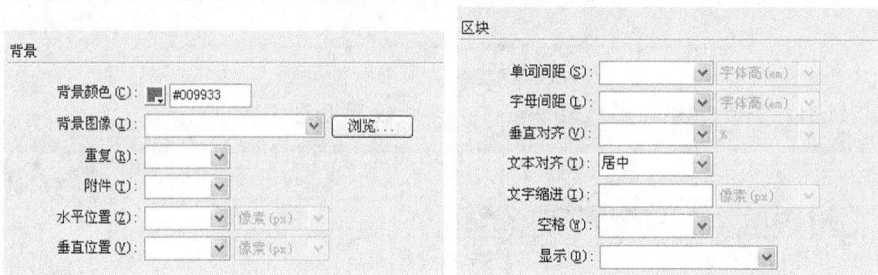

图9-30 背景颜色和文本对齐方式

④ 方框和边框参数设置如图 9-31 所示。

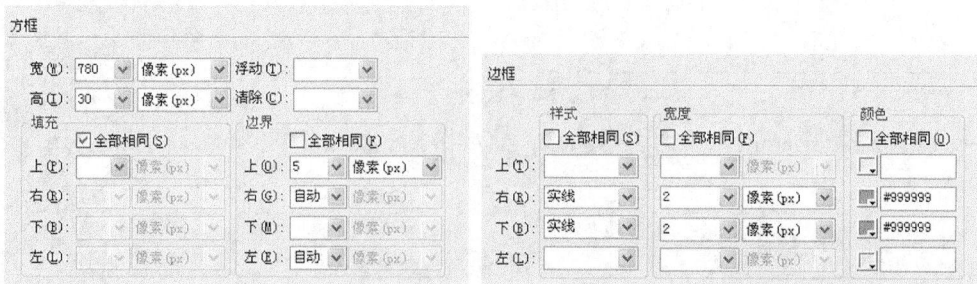

图9-31 设置方框和边框

⑤ 将 Div 标签"navigate"中的文本删除，然后输入相应文本并添加空链接，如图 9-32 所示。

图9-32　输入文本并添加空链接

⑥　创建高级 CSS 样式 "#navigate a:link,#navigate a:visited" 来设置超级链接颜色和已访问超级链接颜色，如图 9-33 所示。

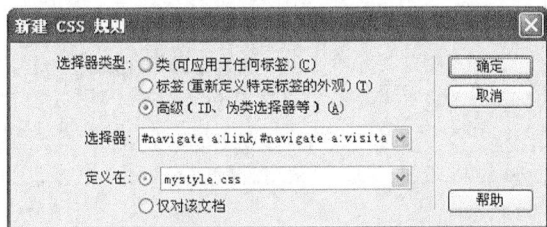

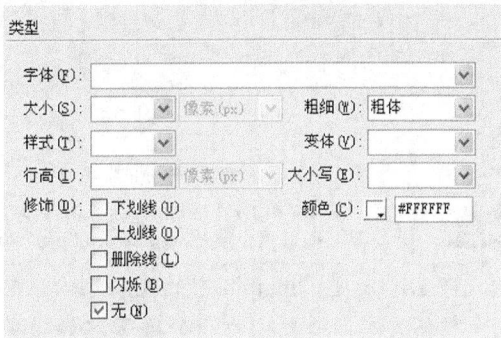

图9-33　创建高级 CSS 样式 "#navigate a:link,#navigate a:visited"

⑦　创建高级 CSS 样式 "#navigate a:hover" 来设置超级链接鼠标指针悬停时的效果，如图 9-34 所示。

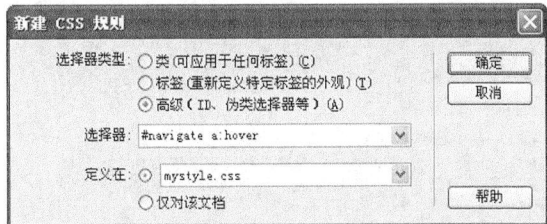

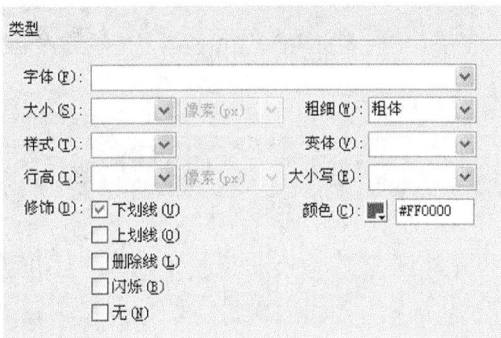

图9-34　创建高级 CSS 样式 "#navigate a:hover"

要点提示　设置超级链接鼠标指针悬停效果时，如果设置了方框宽度和高度以及背景颜色或图像，在鼠标指针停留在超级链接上时，将出现背景效果。

(3)　设置主体部分。

①　在 Div 标签 "navigate" 之后插入 Div 标签 "main"，同时创建高级 CSS 样式 "#main"，如图 9-35 所示。

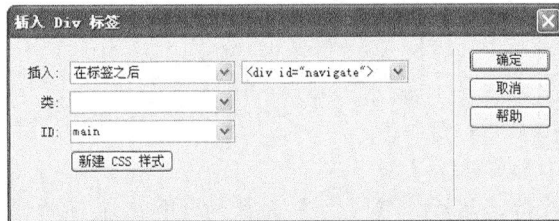

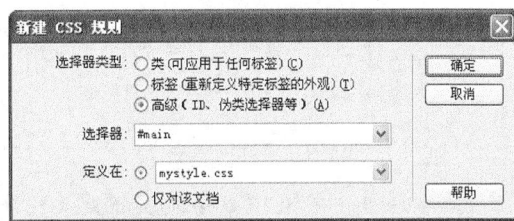

图9-35　插入 Div 标签 "main" 并创建高级 CSS 样式 "#main"

② 高级 CSS 样式 "#main" 的参数设置如图 9-36 所示。

图9-36 高级 CSS 样式 "#main" 参数设置

> **要点提示** 将 Div 标签 "main" 的宽度设置为 "750 像素"，为什么？这是因为在【填充】选项中，将【右】和【左】均设置为了 "15 像素"，3 项加起来仍是 "780 像素"，也就是说 Div 标签的宽度不包括填充部分，当然更不包括边界部分。

③ 将 Div 标签 "main" 中的文本删除，然后从素材文件 "原始地球的形成.doc" 中复制并粘贴文本，并划分为 3 个段落，如图 9-37 所示。

图9-37 复制并粘贴文本

④ 创建标签 CSS 样式 "h2"，参数设置如图 9-38 所示。

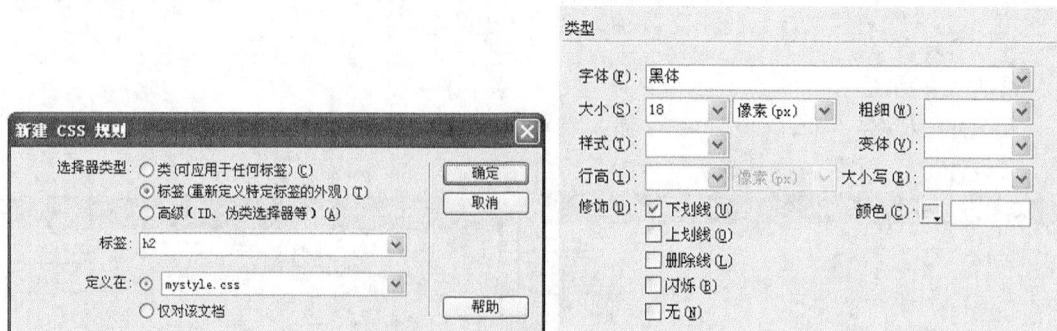

图9-38 创建标签 CSS 样式 "h2"

⑤ 将光标置于文本 "原始地球的形成" 所在行，然后在【属性】面板的【格式】下拉列表中选择 "标题 2"，并单击 ≣ 按钮使其居中对齐，如图 9-39 所示。

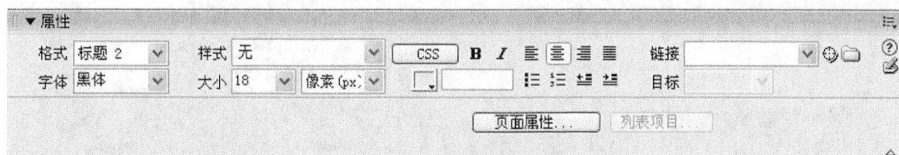

图9-39 设置文档标题格式

⑥ 创建类 CSS 样式 ".pstyle"，设置行高为 "20 像素"，如图 9-40 所示。

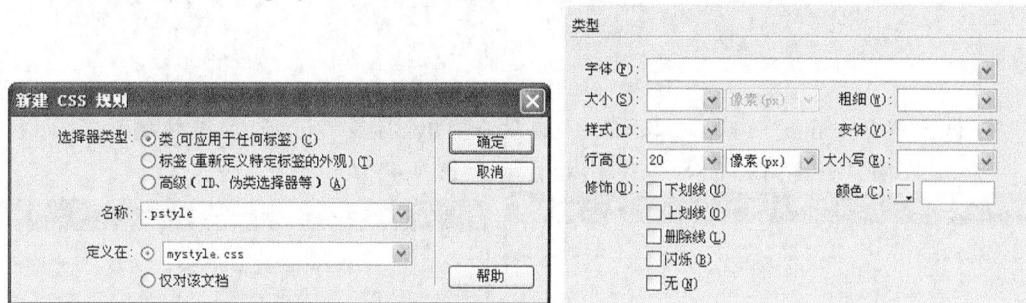

图9-40 创建类 CSS 样式 ".pstyle"

要点提示

在【名称】列表框中输入类 CSS 样式名称时，应该先输入英文状态下的句点 "."，然后再输入具体的名称，如果没有输入句点，系统将在源代码中自动添加。

⑦ 选中所有正文文本，然后在【属性】面板的【样式】下拉列表中选择 "pstyle"，如图 9-41 所示。

图9-41 应用类样式

(4) 设置页脚部分。

① 在 Div 标签 "main" 之后插入 Div 标签 "line"，同时创建高级 CSS 样式 "#line"，如图 9-42 所示。

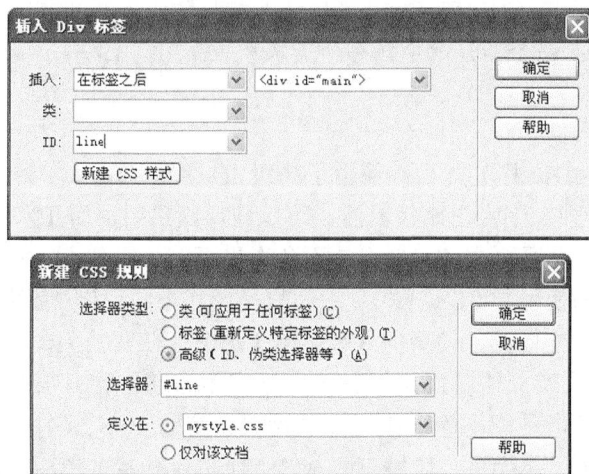

图9-42 插入 Div 标签 "line" 并创建高级 CSS 样式 "#line"

② 高级 CSS 样式 "#line" 的参数设置如图 9-43 所示。

背景

背景颜色(C)： #009933

背景图像(I)： ▢ 浏览...

重复(R)：

附件(T)：

水平位置(Z)： 像素(px)

垂直位置(Y)： 像素(px)

方框

宽(W)： 780 像素(px) 浮动(T)：

高(I)： 5 像素(px) 清除(C)：

填充 边界

☑ 全部相同(S) ☐ 全部相同(F)

上(P)： 像素(px) 上(O)： 5 像素(px)

右(R)： 像素(px) 右(G)： 自动 像素(px)

下(B)： 像素(px) 下(M)： 自动 像素(px)

左(L)： 像素(px) 左(E)： 自动 像素(px)

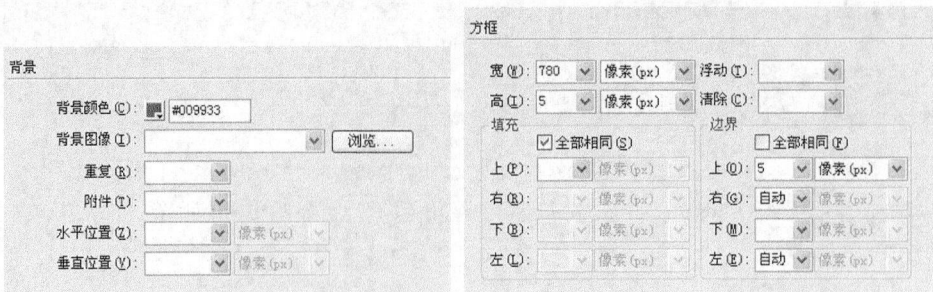

图9-43 CSS 样式"#line"参数设置

③ 将 Div 标签"line"内的文本删除，然后在 Div 标签"line"后继续插入 Div 标签"foot"，同时创建高级 CSS 样式"#foot"，如图 9-44 所示。

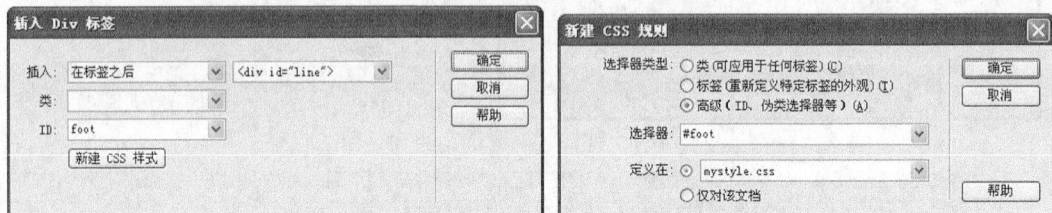

插入 Div 标签

插入： 在标签之后 ∨ <div id="line"> ∨ 确定 取消 帮助

类： ∨

ID： foot ∨

新建 CSS 样式

新建 CSS 规则

选择器类型： ○ 类(可应用于任何标签)(C)
○ 标签(重新定义特定标签的外观)(T)
◉ 高级(ID、伪类选择器等)(A)

选择器： #foot ∨

定义在： mystyle.css ∨
○ 仅对该文档

确定 取消 帮助

图9-44 插入 Div 标签"foot"并创建高级 CSS 样式"#foot"

④ 在【类型】分类对话框中设置行高为"40 像素"，在【区块】分类对话框中设置文本对齐方式为"居中对齐"，【方框】分类对话框的参数设置如图 9-45 所示。

方框

宽(W)： 780 像素(px) 浮动(T)：

高(I)： 40 像素(px) 清除(C)：

填充 边界

☑ 全部相同(S) ☐ 全部相同(F)

上(P)： 像素(px) 上(O)： 5 像素(px)

右(R)： 像素(px) 右(G)： 自动 像素(px)

下(B)： 像素(px) 下(M)： 自动 像素(px)

左(L)： 像素(px) 左(E)： 自动 像素(px)

图9-45 【方框】分类的参数设置

⑤ 将 Div 标签"foot"内的文本删除，然后输入相应的文本。

(5) 选择【文件】/【保存全部】命令保存所有文档。

案例小结

在上面的例子中，Div 标签几乎都使用了高级 ID 名称 CSS 样式，在实际应用中，建议读者多使用类 CSS 样式，因为它比较灵活，可以被反复引用，而 ID 名称 CSS 样式不能被多次引用，因为在同一个网页中 ID 名称是不允许重复的。实际上，凡是使用 ID 名称 CSS 样式的，都可以转换为使用类 CSS 样式，它们只是形式不同，作用都是一样的。

另外，在创建网页文档时，使用的 CSS 样式是保存在文档头部分，还是单独保存一个 CSS 文件，这需要根据实际情况而定。在一个站点中，通常会有很多网页文档，这些网页文档页面的许多部分可能是相同的，在这种情况下，使用 CSS 文件比较好，这样在日后修改时，只修改 CSS 文件就行了。如果有些 CSS 样式只在本页使用，而其他网页文档不使用，可以将这部分 CSS 样式放置在网页的文档头部分，其他 CSS 样式放置在共用的 CSS 文件中。

1. 根据提示设置 CSS 样式，要求将 CSS 样式保存在文档头部分，最终效果如图 9-46 所示。

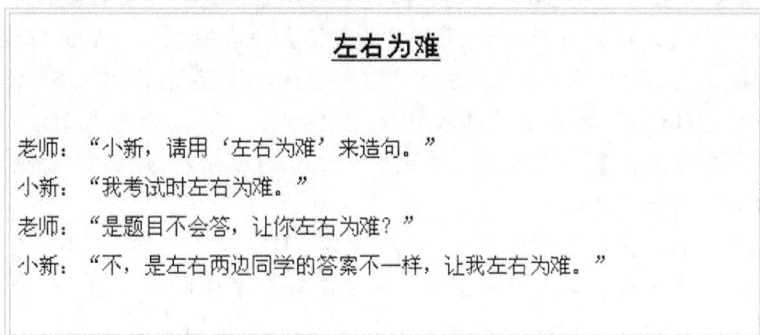

左右为难

老师："小新，请用'左右为难'来造句。"
小新："我考试时左右为难。"
老师："是题目不会答，让你左右为难？"
小新："不，是左右两边同学的答案不一样，让我左右为难。"

图9-46 CSS 样式效果

步骤提示

① 创建类 CSS 样式 ".tstyle" 来设置文档标题样式：字体为"黑体"、大小为"18 像素"、有下画线，然后通过【属性】面板的【样式】下拉列表将创建的类样式应用到标题所在单元格。

② 创建标签 CSS 样式 "p" 来设置正文文本样式：字体为"宋体"、大小为"14 像素"，行高为"20 像素"，上边界和下边界均为"5 像素"。

③ 创建 ID 名称 CSS 样式 "#mytable" 来设置表格的边框样式：边框样式全部为"双线"，宽度全部为"4 像素"，边框颜色全部为"#CCCCCC"。

④ 保存文件。

2. 使用 Div 标签布局页面，要求将 CSS 样式保存在文档头部分，最终效果如图 9-47 所示。

图9-47 使用 Div＋CSS 进行页面布局的效果

① 插入 Div 标签 "Div_1"，并创建 ID 名称 CSS 样式 "#Div_1"，在【类型】分类对话框中设置字体为 "黑体"、大小为 "36 像素"，行高为 "50 像素"；在【背景】分类对话框中设置背景颜色为 "#0066FF"；在【区块】分类对话框中设置文本的水平对齐方式为 "居中"；在【方框】分类对话框中设置宽度和高度分别为 "505 像素" 和 "50 像素"，上下边界均为 "5 像素"，左右边界均为 "自动"，最后输入文本 "嫦娥奔月"。

② 在 Div 标签 "Div_1" 之后继续插入 Div 标签 "Div_2"，并创建 ID 名称 CSS 样式 "#Div_2"，在【方框】分类对话框中设置宽度和高度分别为 "505 像素" 和 "330 像素"，左右边界均为 "自动"。

③ 在 Div 标签 "Div_2" 内继续插入 Div 标签 "Div_3"，并创建 ID 名称 CSS 样式 "#Div_3"，在【方框】分类对话框中设置宽度和高度分别为 "250 像素" 和 "330 像素"，浮动为 "左对齐"，然后在其中插入图像 "chang01.jpg"。

④ 在 Div 标签 "Div_3" 之后继续插入 Div 标签 "Div_4"，并创建 ID 名称 CSS 样式 "#Div_4"，在【方框】分类对话框中设置宽度和高度分别为 "250 像素" 和 "330 像素"，浮动为 "左对齐"，左边界为 "5 像素"，然后在其中插入图像 "chang02.jpg"。

3. 根据自己的爱好自行搜集素材，然后根据本章所学习知识设计制作网页。

第10章 使用层和时间轴

层是分配有绝对位置的 HTML 页面元素，时间轴是 Dreamweaver 8 实现动画的关键功能。本章将介绍层和时间轴的基本知识以及使用它们创建动画的基本方法。

学习目标

- 了解层的概念和【层】面板的使用方法。
- 掌握创建和编辑层的基本方法。
- 掌握【时间轴】面板的使用方法。
- 掌握使用层和时间轴创建动画的方法。

10.1 创建层

层是一种能够随意定位的页面元素，如同浮动在页面里的透明层，可以将层放置在页面的任何位置。由于层中可以放置文本、图像或多媒体对象等内容，很多网页设计者会使用层定位一些特殊的网页内容。下面介绍层的基本知识。

10.1.1 认识层

实际上，这里所说的层从字面理解就是层次的意思，就像盖楼一样，可以一层一层地往上盖。在网页制作中，也可以使用层将许多对象进行重叠，从而使其产生层次感。层与 Div 标签还有一定的联系，它们的共同点是在源代码中都使用 HTML 标签<div>…</div>进行标识，不同的是 Div 标签是相对定位的，不能重叠，而层是绝对定位的，可以重叠。层和 Div 标签两者可以相互转换，转换的方法是，在【CSS 规则定义】对话框的【定位】分类中，将【类型】选项设置为"绝对"，即表示层，否则即为 Div 标签，这是层与 Div 标签转换的关键因素。

在插入层时，层同时被赋予了 CSS 样式，通过【属性】面板还可以修改这些 CSS 样式，而插入 Div 标签时，需要再单独创建 CSS 样式对它进行控制，而且也不能通过【属性】面板设置其 CSS 样式。

Div 标签和层的外观如图 10-1 所示。

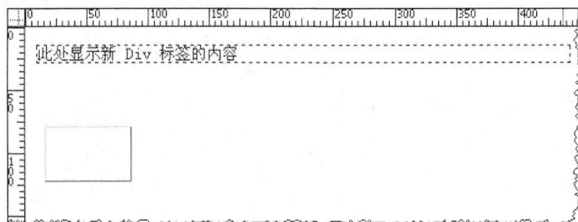

图10-1　Div 标签和层

Div 标签和层的源代码如图 10-2 所示。

```
5   <title>无标题文档</title>
6   <style type="text/css">
7   <!--
8   #Layer1 {
9       position:absolute;
10      left:17px;
11      top:80px;
12      width:69px;
13      height:42px;
14      z-index:1;
15  }
16  -->
17  </style>
18  </head>
19
20  <body>
21  <div id="Layer1"></div>
22  <div>此处显示新 Div 标签的内容</div>
23  <p> </p>
24  </body>
25  </html>
```

图10-2 Div 标签和层的源代码

10.1.2 创建层

在 Dreamweaver 8 中，可以使用以下方法来插入和绘制层。

- 选择【插入】/【布局对象】/【层】命令，插入一个默认大小的层。
- 将【插入】/【布局】面板上的 🖼 （绘制层）按钮拖动到文档窗口中，插入一个默认大小的层。
- 单击【插入】/【布局】面板上的 🖼 （绘制层）按钮，并将鼠标指针移至文档窗口中，当鼠标指针变为 ＋ 形状时拖曳鼠标指针，绘制一个自定义大小的层。
- 如果想一次绘制多个层，在单击 🖼 （绘制层）按钮后，按住 Ctrl 键不放，连续进行绘制即可。

【例10-1】插入层。

🔧 操作步骤

(1) 将素材文件复制到站点根文件夹下，然后创建文档"index10-1.html"。

(2) 选择【编辑】/【首选参数】命令，打开【首选参数】对话框并切换至【层】分类，勾选【如果在层中则使用嵌套】复选框，如图 10-3 所示。

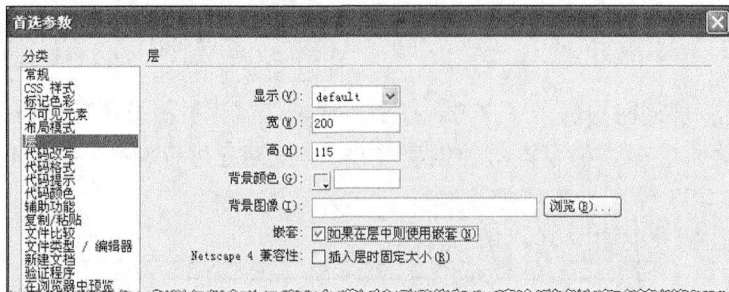

图10-3 【首选参数】对话框中的【层】分类

> 🩹 **要点提示** 当向网页中插入层时，其属性是默认的，这些默认属性可以通过【首选参数】对话框的【层】选项进行设置，包括显示方式、宽度和高度、背景颜色和背景图像以及嵌套设置等。

(3) 单击 确定 按钮关闭【首选参数】对话框。

(4) 将光标置于文档中，选择【插入】/【布局对象】/【层】命令，插入一个默认大小的层"Layer1"，如图 10-4 所示。

(5) 在【层】面板中单击层的名称选中层，如图 10-5 所示。

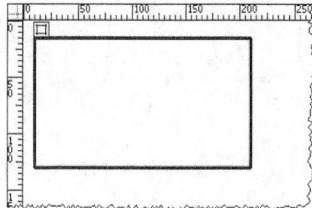

图10-4 插入层

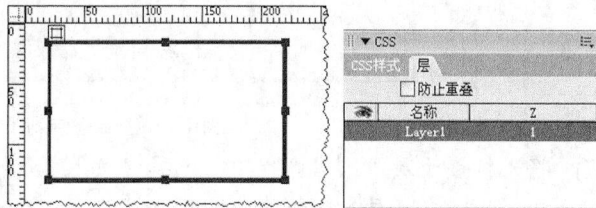

图10-5 选中层

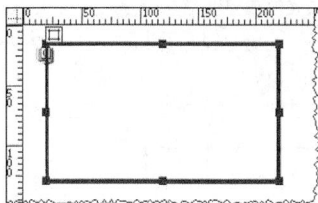

图10-6 选中层

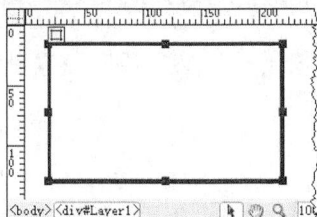

图10-7 选择标签

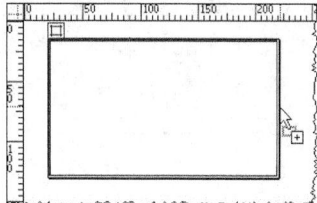

图10-8 单击层的边框线

(6) 拖动右下角的缩放点调整层的宽度和高度，如图 10-9 所示。

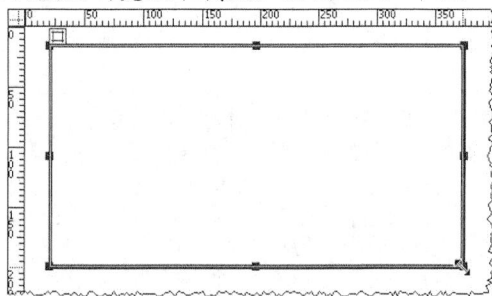

图10-9 调整层的宽度和高度

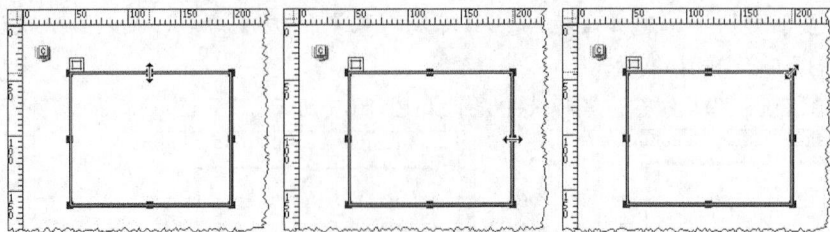

图10-10 拖动缩放手柄改变层的大小

(7) 将光标置于层"Layer1"中，选择【插入】/【布局对象】/【层】命令，插入一个嵌套层，此时在【层】面板中也出现了嵌套层"Layer2"，如图 10-11 所示。

> **【层】面板的主体部分分为 3 列。第 1 列为显示与隐藏栏，在 [👁] 图标的下方，通过单击可以设置层的显示和隐藏。第 2 列为层的名称栏，它与【属性】面板中【层编号】选项的作用是相同的。第 3 列为 Z 轴栏，它与【属性】面板中的 Z 轴选项是相同的。在【层】面板中可以实现以下操作。**
> - 双击层的名称可以对层重新命名。
> - 单击层后面的数字可以修改层的 Z 轴顺序，数字大的将位于上层。
> - 勾选【防止重叠】复选框可以禁止层重叠。
> - 在层的名称前面单击将会出现眼睛图标，单击眼睛图标可显示或隐藏层。
> - 单击层的名称可以选定该层，按住 Shift 键不放，单击想选择的层可以将多个层选中。
> - 按住 Ctrl 键不放，将某一个层拖动到另一个层上，形成嵌套的层。

(8) 选定层"Layer2"，当鼠标指针靠近缩放手柄出现✥时，按住鼠标左键不放向右下方拖动来调整层的位置，如图 10-12 所示。

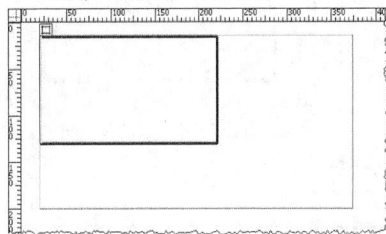

图10-11 插入嵌套层

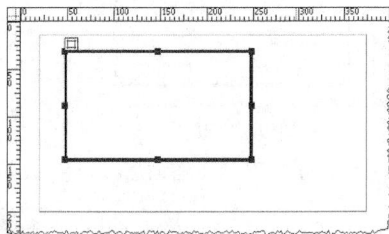

图10-12 移动层

> 许多时候要根据需要移动层，移动层时首先要确定层是可以重叠的，也就是不勾选【层】面板中的【防止重叠】复选框，这样层可以不受限制地被移动。移动层的方法主要有以下几种。
> - 选定层后，当鼠标指针靠近缩放手柄出现✥时，按住鼠标左键不放并进行拖动，层将跟着鼠标指针的移动而发生位移。
> - 选定层，然后按 4 个方向键向 4 个方向移动层，每按一次方向键，将使层移动 1 个像素值的距离。
> - 选定层，按住 Shift 键，然后按 4 个方向键向 4 个方向移动层，每按一次方向键，将使层移动 10 个像素值的距离。

(9) 保存文档。

> 在创建层的过程中，有时也会遇到将多个层进行对齐的情况。对齐层的方法是，首先将所有层选定，然后选择【修改】/【排列顺序】中的相应命令即可。例如，选择【对齐下缘】命令，将使所有被选中的层的底边按照最后选定的层的底边对齐，即所有层的底边都排列在一条水平线上。在【修改】/【排列顺序】菜单中，共有 4 个命令选项。
> - 【左对齐】：以最后选定的层的左边线为标准，对齐排列层。
> - 【右对齐】：以最后选定的层的右边线为标准，对齐排列层。
> - 【对齐上缘】：以最后选定的层的顶边为标准，对齐排列层。
> - 【对齐下缘】：以最后选定的层的底边为标准，对齐排列层。

10.1.3 设置层属性

插入层后，还需要设置层的属性，这样它才会更符合要求。下面通过具体操作介绍设置层属性的方法。

【例10-2】设置层属性。

操作步骤

(1) 接上例。选中层 "Layer1"，其属性设置如图 10-13 所示。

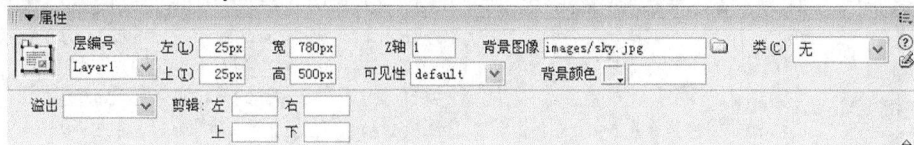

图10-13 层 "Layer1" 的属性设置

(2) 选中嵌套层 "Layer2"，其属性设置如图 10-14 所示。

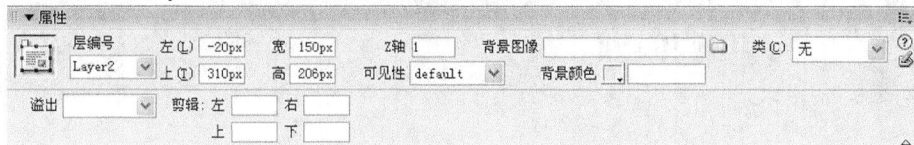

图10-14 层 "Layer2" 的属性设置

(3) 在层 "Layer2" 中插入图像 "images/niao.gif"，并在【属性】面板中将其 ID 名称设置为 "niao"，如图 10-15 所示。

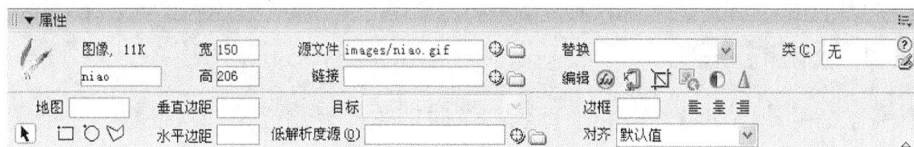

图10-15 图像属性设置

(4) 保存文档，效果如图 10-16 所示。

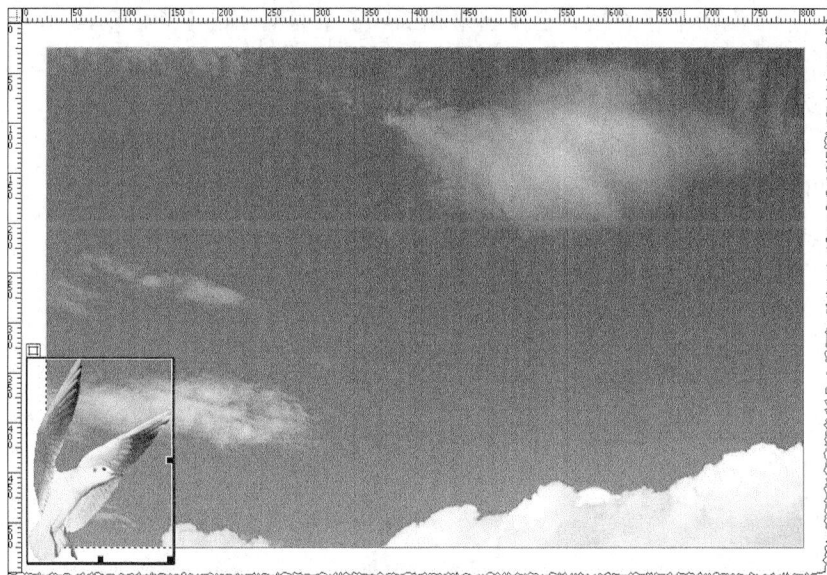

图10-16 设置层属性后的效果

层【属性】面板的相关参数简要说明如下。

- 【层编号】：用于设置层的 id 名称。
- 【左】、【上】：用于设置层的左边框、上边框与文档左边界、上边界的距离。
- 【宽】、【高】：用于设置层的宽度和高度。
- 【Z 轴】：用于设置层在垂直平面方向上的顺序号。
- 【可见性】：用于设置层的可见性，包括【default】（默认）、【inherit】（继承）、【visible】（可见）、【hidden】（隐藏）4 个选项。
- 【背景图像】：用于设置层的背景图像。
- 【背景颜色】：用于设置层的背景颜色。
- 【溢出】：用于设置层中内容超过层大小时的显示方式，包括 4 个选项。其中，【visible】表示按照内容的尺寸向右、向下扩大层以显示层内的全部内容；【hidden】表示只能显示层尺寸以内的内容；【scroll】表示不改变层大小，但会增加滚动条，用户可以通过滚动来浏览整个层；【auto】表示只在层不够大时才出现滚动条。
- 【剪辑】：用于指定层的可见部分，其中的【左】和【右】输入的数值是距离层的左边界的距离，【上】和【下】输入的数值是距离层的上边界的距离。

10.2 使用时间轴

时间轴是与层密切相关的一项功能，它可以在 Dreamweaver 中实现动画的效果。时间轴可以使层的位置、尺寸、可视性和重叠次序以及层中对象的属性随着时间的变化而改变，从而创建出具有 Flash 效果的动画。下面介绍使用时间轴来创建动画的方法。

10.2.1 认识时间轴

要想制作好时间轴动画，就必须真正理解时间轴的概念。第一次接触这个概念，可能不知道它是怎么一回事，可以这样理解，既然是时间轴，一定与时间有关，随着时间的不同，发生的事件也不一样，这一系列的事件就形成了一个动画。就像看电影一样，每个时间点都会有不同的画面，不同的画面连接起来就形成了具有动感的电影。Dreamweaver 中的时间轴也是一个道理，不过它是通过计算机技术，依据时间顺序，把一方面或多方面的事件串联起来，形成相对完整的记录体系，运用图文的形式呈现给用户。

在 Dreamweaver 中，【时间轴】面板是创建时间轴动画的关键。选择【窗口】/【时间轴】命令即可打开【时间轴】面板，在如图 10-17 所示【时间轴】面板中，动画条的名称为"Layer2"，其他参数说明如下。

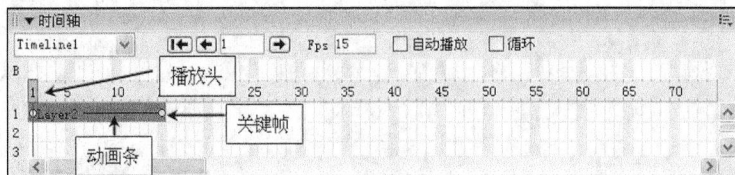

图10-17 【时间轴】面板

- Timeline1 ▼：时间轴弹出式菜单，设置当前在【时间轴】面板中显示哪些时间轴。

- ⏮: 后退至起点，即将播放头移至时间轴中的第 1 帧。
- ◀: 后退，单击 1 次向左移动播放头 1 帧，单击◀按钮并按住鼠标可向左播放时间轴。
- [1   ]: 表示当前帧的序号。
- ▶: 播放，单击 1 次向右移动播放头 1 帧，单击▶按钮并按住鼠标可向右连续播放时间轴。
- Fps [15]: 帧频，设置每秒播放的帧数，默认设置是每秒播放 15 帧。
- 【自动播放】: 设置在浏览器载入当前页面后是否自动播放动画。
- 【循环】: 设置在浏览器载入当前页面后是否无限循环播放动画。
- 【播放头】: 显示在当前页面上的是时间轴的哪一帧。
- 【关键帧】: 在动画条中被指定对象属性的帧，用小的圆圈表示。
- 【动画条】: 显示每个对象的动画持续时间。

动画的基本单位叫做帧，将很多帧按照时间先后顺序连接起来就形成了动画，而时间轴用来排列帧。在动画中有些帧非常关键，可以影响整个动画，这样的帧叫做关键帧。关键帧的概念来源于传统的卡通片制作，在早期，熟练的动画师设计卡通片中的关键画面，也即所谓的关键帧，然后由一般的动画师设计中间帧。在三维计算机动画中，中间帧的生成由计算机来完成。所有影响画面图像的参数都可成为关键帧的参数，如位置、旋转角、纹理的参数等。关键帧技术是计算机动画中最基本并且运用最广泛的方法。

10.2.2 创建时间轴动画

时间轴可以通过改变层的位置、大小、可见性及重叠次序来创建动画，也可以改变图像的源文件，因此可以用它创建图片幻灯效果。虽然时间轴不能直接改变图像的位置、大小、可见性，但可以将图像添加到层中，然后通过改变层的位置、大小、可见性来达到动画的效果。下面来创建一个时间轴动画。

【例10-3】创建时间轴动画。

操作步骤

(1) 接上例。选中层"Layer2"，然后选择【修改】/【时间轴】/【增加对象到时间轴】命令，弹出一个提示对话框提示读者时间轴的作用，如图 10-18 所示。

(2) 勾选【不再显示这个信息】复选框，然后单击 [确定] 按钮将层"Layer2"添加到【时间轴】面板中，参考图 10-17。

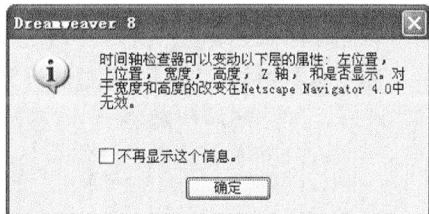

图10-18 提示对话框

> 创建时间轴动画的关键环节就是将对象添加到【时间轴】面板中，主要有以下 3 种方法。
> - 选择【修改】/【时间轴】/【增加对象到时间轴】命令。
> - 将层直接拖曳到【时间轴】面板中。
> - 单击【时间轴】面板右上角的图按钮，在快捷菜单中选择【添加对象】命令。

(3) 将动画条 "Layer2" 中的结束帧标记向右拖动到第 120 帧，延长动画的播放时间。

(4) 在【属性】面板中设置第 120 帧关键帧处层 "Layer2" 的【左】和【上】属性，如图 10-19 所示。

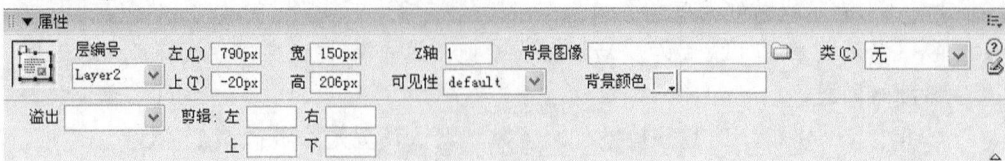

图10-19　第120帧关键帧处的层属性设置

(5) 单击动画条的第 60 帧，然后选择【修改】/【时间轴】/【增加关键帧】命令，在当前位置增加一个关键帧，如图 10-20 所示。

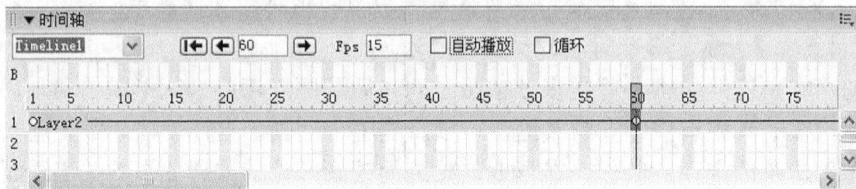

图10-20　增加关键帧

> 知识链接
>
> 如果要在时间轴中添加或移除一帧，可以通过下列方法来实现。
> - 选择【修改】/【时间轴】/【添加帧】或【删除帧】命令，在播放头右边加入或删除 1 帧。也可以使用右键菜单命令进行操作。
> - 选择【修改】/【时间轴】/【增加关键帧】命令，在当前播放头位置增加关键帧；选定关键帧，选择【修改】/【时间轴】/【删除关键帧】命令，将当前关键帧删除。也可以使用右键菜单命令进行操作。

(6) 在【属性】面板中设置该关键帧处层 "Layer2" 的【左】和【上】属性，如图 10-20 所示。

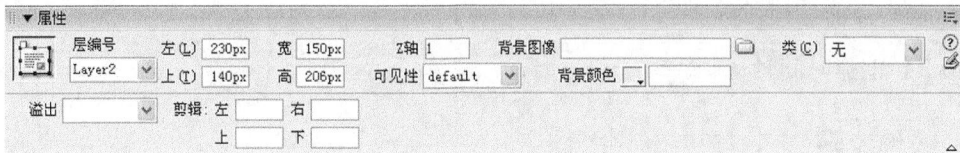

图10-21　第60帧关键帧处的层属性设置

(7) 单击时间轴的第 1 帧，然后选中层 "Layer2" 中的图像 "images/niao.gif"，接着选择【修改】/【时间轴】/【增加对象到时间轴】命令将其添加到时间轴中，将其播放长度增加到 120 帧，然后在第 60 帧处增加一个关键帧，如图 10-22 所示。

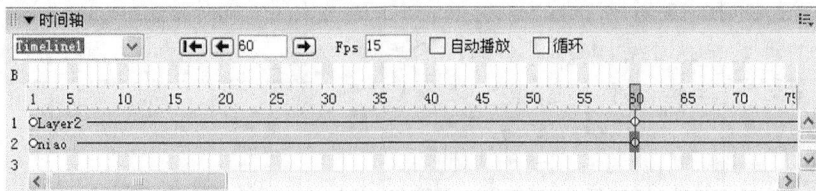

图10-22　【时间轴】面板

(8) 单击动画条 "niao" 的第 60 帧处的关键帧，然后在图像【属性】面板中将图像修改为 "images/chang.gif"，如图 10-23 所示。

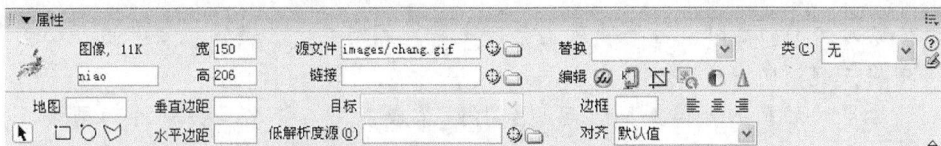

图10-23 修改图像源文件

(9) 在【时间轴】面板中设置动画为自动循环播放，即勾选【自动播放】和【循环】复选框，如图 10-24 所示。

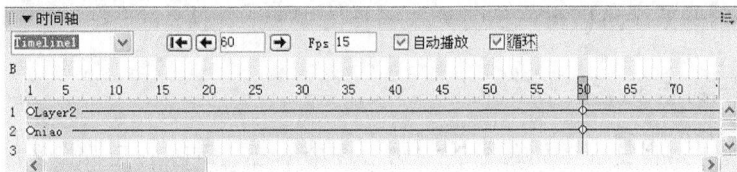

图10-24 设置动画为自动循环播放

(10) 选中层 "Layer1"，在【属性】面板的【溢出】下拉列表中选择 "hidden"，如图 10-25 所示。

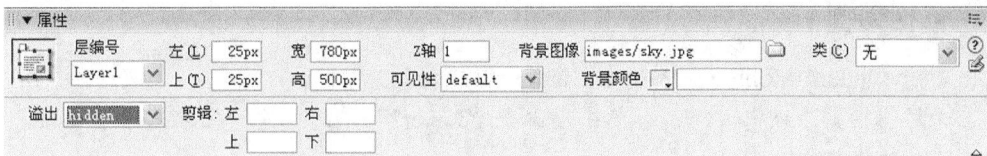

图10-25 设置【溢出】选项

(11) 选择【文件】/【另存为】命令将文件保存为 "index10-2.html"。

(12) 在浏览器中预览效果，在第 60 帧前是一只鸟在飞，到第 60 帧处开始变为 "嫦娥奔月"，如图 10-26 所示。

图10-26 在浏览器中预览效果

案例小结

创建完时间轴的基本组成部分后，可以进行一些更改，如添加和删除帧、更改动画开始时间等。若要修改时间轴，可参考以下操作方法。

- 若要使动画的播放时间更长，可将结束帧标记向右拖动。动画中的所有关键帧都会相应移动，若要阻止其他关键帧移动，可按住 Ctrl 键不放再拖动结束帧标记。

- 播放时间轴动画时，若要使层更早或更晚地到达某一关键帧位置，可在动画条中将关键帧向左或向右移动。
- 若要更改动画的开始时间，可以选择一个或多个与该动画关联的动画条（按 Shift 键可一次选择多个动画条），然后向左或向右移动。
- 若要在页面中移动整个动画运行轨迹的位置，可在【时间轴】面板中选择整个动画条，然后在页面上拖动该对象，Dreamweaver 会调整所有关键帧的位置。在整个动画条上所做出的任何更改将更改所有关键帧。

10.2.3 录制层路径

如果需要创建具有复杂运动路径的动画，逐个创建关键帧会花费许多时间。下面介绍一种高效简单的方法来创建复杂运动轨迹的动画，这就是录制层路径功能。

【例10-4】录制层路径。

操作步骤

(1) 将文档 "index10-2.html" 保存为 "index10-3.html"。

(2) 在【时间轴】面板中，用鼠标单击动画条 "Layer2" 中的任意一帧来选中动画条，并按 Delete 键将其删除。

(3) 将播放头移至第 1 帧，在文档中选中层 "Layer2"，然后选择【修改】/【时间轴】/【录制层路径】命令，并在页面上拖动层来录制层移动的轨迹，如图 10-27 所示。

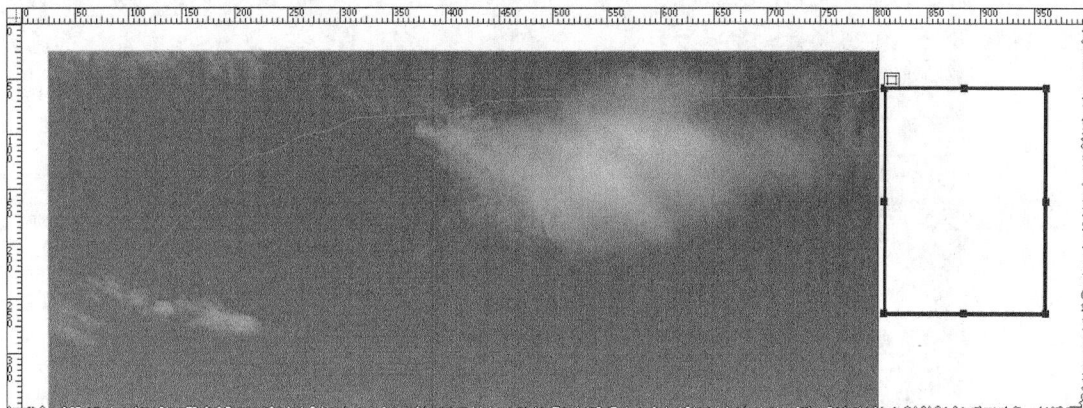

图10-27 拖动层来录制路径

(4) 在动画停止的地方释放鼠标左键，Dreamweaver 将自动在【时间轴】面板中添加对象，并且较为合理地创建一定数目的关键帧，如图 10-28 所示。

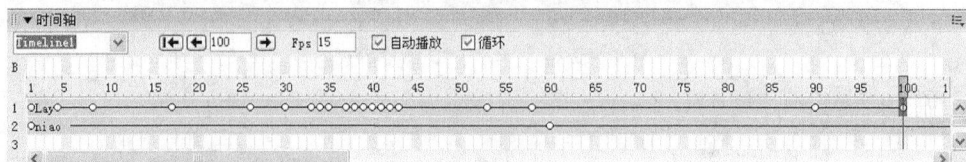

图10-28 自动添加对象和关键帧

(5) 将动画条 "Layer2" 中的结束帧标记向右拖动到第 120 帧，延长动画的播放时间。保存文件并在浏览器中预览其效果。

案例小结

在创建时间轴动画时需要讲究一些小技巧的应用，以下几点可以提高动画的性能。

- 使用显示和隐藏层，而不是更改多图像动画的源文件。由于新的图像必须进行下载，因此切换图像的源文件会降低动画的播放速度。如果所有图像都在动画运行前在隐藏层中同时下载，将不会出现明显的停顿，并且不会缺少图像。

- 扩展动画条以创建更顺畅的动作。如果动画断断续续并且图像在不同位置之间跳动，可拖动该层动画条的结束帧，使动作延伸到更多的帧。通过延长动画条，可以在运动的开始点和结束点之间创建更多的数据点，同时也会使对象更为缓慢地移动。可尝试增加每秒帧数（fps）以提高播放速度，但应注意在普通系统上运行的大多数浏览器都不能支持超过15fps的动画速度。

- 不要制作大型位图的动画。制作大型图像的动画会导致动画播放速度减慢，相反，应创建合成图像，并移动图像中较小的部分。例如，可以通过仅制作汽车轮胎的动画来显示汽车的运动。

- 创建简单的动画。不要创建对当前浏览器要求过高的动画，即使在系统或Internet性能降低时，浏览器始终会播放时间轴动画中的每一帧。

习题

1. 使用层布局页面，最终效果如图10-29所示。

步骤提示

① 插入一个层"#Layer1"，左和上边距均为"10px"，宽度和高度分别为"500px"、"375px"，Z轴为"1"。

② 修改CSS样式"#Layer1"，设置上、下、左、右填充均为"5像素"，边框样式为"双线"，宽度为"5"，颜色为"#0066FF"，并在其中插入图像"shu.jpg"。

③ 再插入一个层（不是嵌套），左和上边距均为"30px"，宽度和高度分别为"150px"、"40px"，Z轴为"2"。

图10-29 使用层布局页面

④ 修改CSS样式"#Layer2"，设置字体为"黑体"，大小为"36像素"，颜色为"#FFFFFF"，然后输入文本。

2. 根据提示使用层和时间轴创建动画，最终效果如图 10-30 所示。

图10-30 创建时间轴动画

步骤提示

① 设置网页背景为 "images/bg.jpg"，然后插入层 "Layer1"，设置左边距为 "45px"，上边距为 "285px"，宽度和高度均为 "128px"。

② 在层 "Layer1" 中插入动画图像 "images/horse.gif"。

③ 将层 "Layer1" 添加到时间轴，然后将动画条的结束帧拖到第 120 帧处。

④ 在第 120 帧处设置层 "Layer1" 的左边距为 "1200px"，上边距为 "20px"。

⑤ 在【时间轴】面板中勾选【自动播放】和【循环】复选框。

3. 根据自己的爱好自行搜集素材，然后根据本章所学习知识设计制作动画。

第11章 使用行为

Dreamweaver 中的行为能够为网页增添许多效果。本章将介绍行为的基本知识以及添加行为的基本方法。

学习目标
- 了解行为的基本概念。
- 了解常用事件的涵义。
- 掌握添加行为的方法。

11.1 认识行为

使用行为可以允许浏览者与网页进行简单的交互，从而以多种方式修改页面或引发某些任务的执行。

11.1.1 什么是行为

行为是 Dreamweaver 内置的脚本程序，也是事件和动作的组合，因此行为的基本元素有两个：事件和动作。事件是触发动作的原因，动作是事件触发后要实现的效果，对象是产生行为的主体。例如，当浏览者将鼠标指针移到一个链接上时，将会产生一个"onMouseOver"（鼠标经过）事件。

触发事件比较多，但平时最常用的有以下几个。

- 【onLoad】：当图像或页面完成载入时产生。
- 【onMouseDown】：当在特定元素上按下鼠标按键时产生。
- 【onMouseOut】：当鼠标指针从特定元素（如图像或图像链接）移走时产生。
- 【onMouseOver】：当鼠标指针首次指向特定元素（如链接）时产生。
- 【onSubmit】：当访问者提交表单时产生。

实际上，每个浏览器都提供一组事件，这些事件可以与【行为】面板的"动作"弹出式菜单中列出的动作相关联。当浏览者与网页进行交互时（例如单击某个图像），浏览器生成事件，这些事件可用于调用引起动作发生的 JavaScript 函数。Dreamweaver 提供许多可以使用这些事件触发的常用动作。

11.1.2 应用行为

可以将行为应用到整个文档（即 body 标签），还可以应用到链接、图像、表单元素或多种其他 HTML 元素中的任何一种。

那么在网页文档中如何应用行为呢？首先要选中应用行为的对象（若要将行为应用到整个页，应在文档窗口底部左侧的标签选择器中单击<body>标签），然后选择【窗口】/【行为】命令打开【行为】面板，在【行为】面板中单击 **+.** 按钮，在弹出的行为菜单中选择相应的行为动作并进行设置，最后在【行为】面板中单击事件名右边的 **∨** 按钮，在弹出的下拉菜单中选择相应的触发事件，如图 11-1 所示。下面对【行为】面板的按钮进行简要说明。

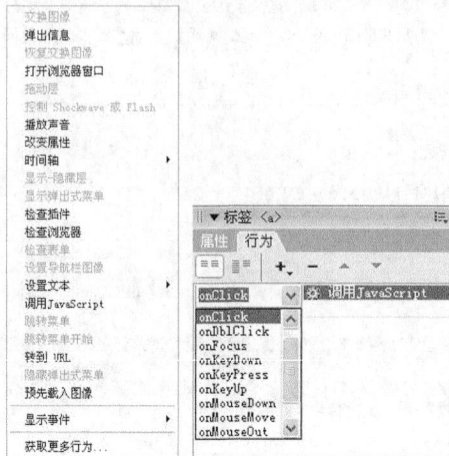

图11-1 【行为】面板

- **+.** 按钮：单击该按钮，会弹出一个菜单，在菜单中选择相应的行为动作，就可以将其附加到当前选择的页面对象上。

- **−** 按钮：单击该按钮，可在【行为】面板中删除所选的行为。

- **▲ ▼** 按钮：单击 ▲ 或 ▼ 按钮，可将被选的行为动作在【行为】面板中向上或向下移动。一个特定事件的动作将按照指定的顺序执行。对于不能在列表中被上移或下移的动作，该按钮不起作用。

- **≡≡**（显示设置事件）按钮：列表中只显示当前正在编辑的事件名称。

- **≡≡**（显示所有事件）按钮：列表中显示当前文档中所有事件的名称。

在【行为】面板中，可以为每个事件指定多个动作，动作按照它们在【行为】面板中的【动作】列中列出的顺序发生。

应用行为时，不能将行为直接应用到纯文本上。诸如<p>和<span>等标签不在浏览器中生成事件，因此无法从这些标签触发动作。但是，可以将行为应用到超级链接上，因此，若要将行为应用到文本，最简单的方法就是向文本添加一个空链接（不指向任何内容），然后将行为应用到该链接上。此时，文本会显示为超级链接，如果不想让它显示为超级链接，可以更改链接颜色并删除下画线，缺点是浏览者可能意识不到可以单击该文本获取信息。

11.2 常用行为

Dreamweaver 8 内置了许多行为动作，如"设置状态栏文本"、"交换图像"、"弹出信息"、"打开浏览器窗口"、"调用 JavaScript"、"控制 Shockwave 或 Flash"、"改变属性"等，下面进行简要介绍。

11.2.1 设置状态栏文本

状态栏文本是指显示在浏览器状态栏中的文本，下面进行简要介绍。

【例11-1】设置状态栏文本。

操作步骤

(1) 将素材文件复制到站点根文件夹下，然后打开文档"index11.html"。

(2) 在空白单元格中插入图像"images/huangshan01.jpg"，然后选择【窗口】/【行为】命令，打开【行为】面板。

(3) 保证图像处于选中状态，在【行为】面板中单击 **+** 按钮，从弹出的【行为】菜单中选择【设置文本】/【设置状态栏文本】命令，打开【设置状态栏文本】对话框。

(4) 在【消息】文本框中输入"欢迎您的光临!"，如图11-2所示。

图11-2 【设置状态栏文本】对话框

(5) 单击 确定 按钮，然后在【行为】面板中设置触发事件，如图11-3所示。

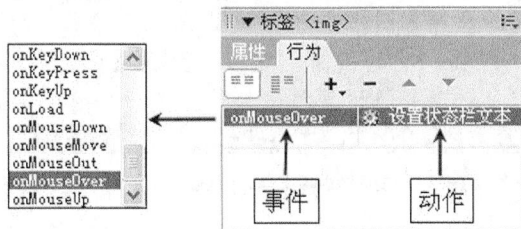

图11-3 【行为】面板中的事件和动作

(6) 保存文档并在浏览器中浏览，当鼠标指针停留在图像上时，浏览器状态栏将显示事先定义的文本，如图11-4所示。

图11-4 在浏览器中浏览

11.2.2 交换图像

【交换图像】行为可以将一个图像替换为另一个图像，这是通过改变图像的"src"属性来实现的，可以使用这个行为来创建翻转的按钮及其他图像效果。下面进行简要介绍。

【例11-2】交换图像。

操作步骤

(1) 选中图像"images/huangshan01.jpg"，然后在【属性】面板中设置图像的名称为"huangshan01"，如图 11-5 所示。

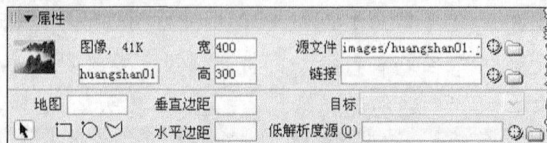

图11-5 设置图像名称

> **要点提示** 【交换图像】行为在没有给图像命名时仍然可以执行，它会在被附加到某对象时自动命名图像，但是如果预先命名图像，则在【交换图像】对话框中更容易区分图像。

(2) 选中图像，然后在【行为】面板中单击 +. 按钮，从弹出的【行为】菜单中选择【交换图像】命令，打开【交换图像】对话框。

(3) 在【图像】列表框中选择要改变的图像，然后设置其【设定原始档为】选项，并勾选【预先载入图像】和【鼠标滑开时恢复图像】复选框，如图 11-6 所示。

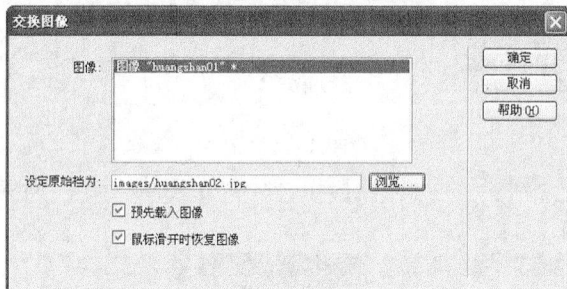

图11-6 【交换图像】对话框

> **知识链接** 选中【预先载入图像】复选框，可以在页面载入时，在浏览器的缓存中预先存入替换的图像，这样可以防止由于显示替换图像时需要下载而造成时间拖延。选中【鼠标滑开时恢复图像】复选框，可以实现将鼠标指针移开图像后，图像恢复为原始图像的效果。

(4) 单击 确定 按钮关闭对话框，此时在【行为】面板中自动添加了 3 个行为：图像（即标签<img>）的【交换图像】和【恢复交换图像】行为及文档（即标签<body>）的【预先载入图像】行为，如图 11-7 所示。

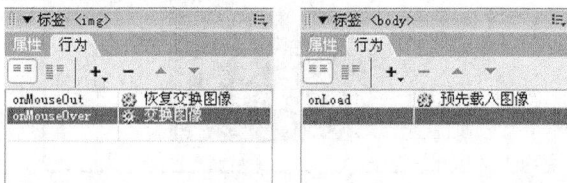

图11-7 在【行为】面板中自动添加了 3 个行为

(5) 保存并预览网页，当鼠标指针滑过图像时，图像会发生变化，如图 11-8 所示。

图11-8 预览效果

11.2.3 弹出信息

【弹出信息】行为将显示一个指定的 JavaScript 提示信息框。因为该提示信息框只有一个 确定 按钮，所以使用这个动作只是提供给用户信息，而不需要做出选择。同时，此行为也不能控制这个提示信息框的外观，其外观要取决于用户所用浏览器的属性。下面进行简要介绍。

【例11-3】弹出信息。

操作步骤

(1) 接上例。在文档中选择图像 "images/huangshan01.jpg"，然后在【行为】面板中单击 + 按钮，从行为菜单中选择【弹出信息】命令，打开【弹出信息】对话框。

(2) 在【消息】文本框中输入提示文本，如图 11-9 所示。

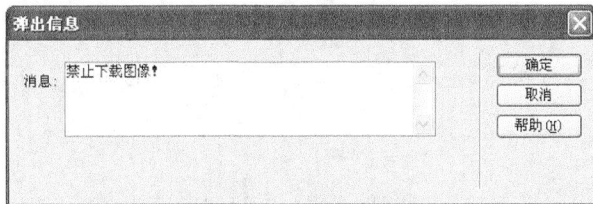

图11-9 【弹出信息】对话框

(3) 单击 确定 按钮关闭对话框，在【行为】面板【事件】下拉列表中选择 "onMouseDown"，即鼠标按下时触发该事件，如图 11-10 所示。

(4) 保存网页并在浏览器中预览，当在图像上按下鼠标左键或右键时，均将弹出提示信息框，如图 11-11 所示。

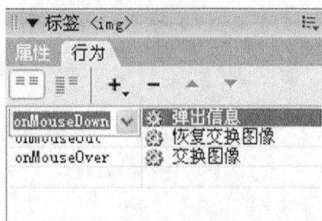

图11-10 设置【弹出信息】行为触发事件

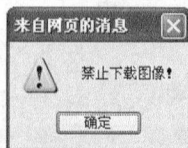

图11-11 提示信息框

> **要点提示** 通常在图像上按下鼠标右键时，在弹出的快捷菜单中可以选择【图片另存为】命令，从而将网页中的图像保存到本地计算机中。而当添加了这个行为以后，当访问者单击鼠标右键时，就只能看到提示框，而看不到快捷菜单，这样就限制了用户使用鼠标右键来下载图片。

11.2.4 打开浏览器窗口

使用【打开浏览器窗口】行为将打开一个新浏览器窗口来显示指定的网页文档，下面进行简要介绍。

【例11-4】打开浏览器窗口。

操作步骤

(1) 接上例。选中文本"李白关于黄山的诗"，在【属性】面板中为其添加空链接"#"。

(2) 在【行为】面板中单击 + 按钮，从行为菜单中选择【打开浏览器窗口】命令，打开【打开浏览器窗口】对话框。

(3) 设置【要显示的 URL】为 "libai.html"，【窗口宽度】为 "450"，【窗口高度】为 "480"，如图 11-12 所示。

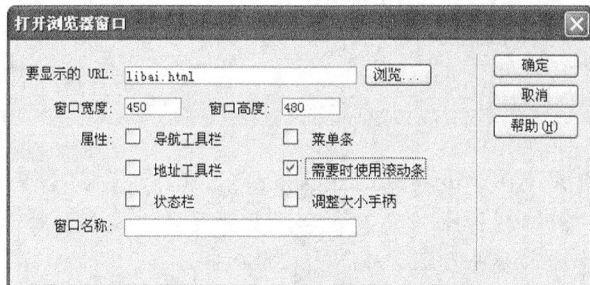

图11-12 【打开浏览器窗口】对话框

(4) 单击 确定 按钮关闭对话框，然后在【行为】面板【事件】下拉列表中选择触发事件 "onClick"。

(5) 保存网页。

> **要点提示** 由于 IE 7.0 及以上浏览器与 IE 6.0 及其以前版本浏览器差别较大，"打开浏览器窗口"在 IE 6.0 中能够按照预设的形式显示，而在 IE 7.0 及以上浏览器也可能会在新的选项卡窗口中显示，这与浏览器本身的设置有关。

(6) 打开 IE8 浏览器，选择【工具】/【Internet 选项】命令打开【Internet 选项】对话框，如图 11-13 所示。

(7) 在【常规】选项卡中单击【选项卡】栏中的 设置(I) 按钮，打开【选项卡浏览设置】对话框。

(8) 选中【启用选项卡浏览】复选框，在【遇到弹出窗口时】选项组中选择【由 Internet Explorer 决定如何打开弹出窗口】单选按钮，在【从位于以下位置的其他程序打开链接】选项组中选择【当前选项卡或窗口】单选按钮，如图 11-14 所示。

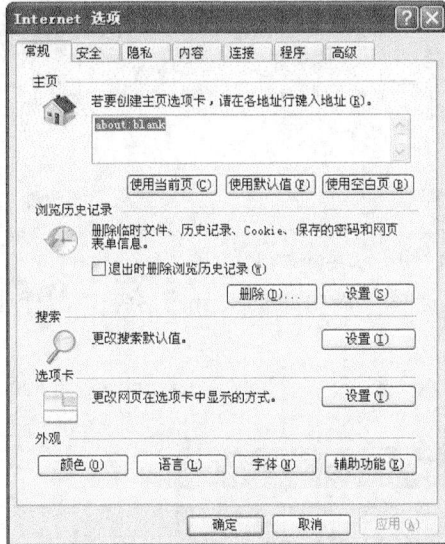

| 图11-13 【Internet 选项】对话框 | 图11-14 【选项卡浏览设置】对话框 |

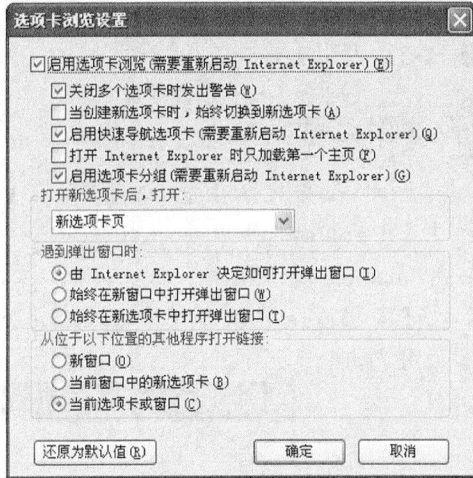

(9) 单击 确定 按钮依次关闭对话框，然后在 IE8 浏览器中预览刚刚保存过的网页，单击文本 "李白关于黄山的诗" 时将打开一个新窗口，如图 11-15 所示。

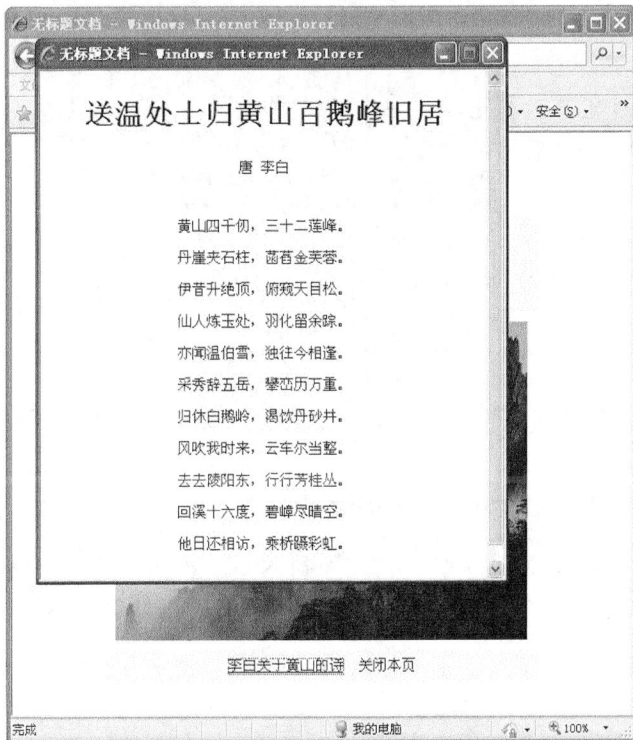

图11-15 打开浏览器窗口

此时可以看出，新的浏览器窗口没有多余的工具栏等，也不能改变尺寸大小，这就是要达到的效果。

11.2.5 调用 JavaScript

【调用 JavaScript】行为能够让设计者使用【行为】面板指定一个自定义功能，或者当一个事件发生时执行一段 JavaScript 代码。设计者也可以自己编写 JavaScript 代码。下面进行简要介绍。

【例11-5】调用 JavaScript。

操作步骤

(1) 接上例。选中文本"关闭本页"，在【属性】面板中为其添加空链接"#"。
(2) 在【行为】面板中单击 ＋ 按钮，从行为菜单中选择【调用 JavaScript】命令，打开【调用 JavaScript】对话框。
(3) 在【JavaScript:】文本框中输入 JavaScript 代码或函数名，这里输入"window.close()"，如图 11-16 所示。

图11-16 【调用 JavaScript】对话框

(4) 单击 确定 按钮关闭对话框，然后在【行为】面板【事件】下拉列表中选择触发事件"onClick"。
(5) 保存网页并在浏览器中预览，当单击"关闭本页"超级链接文本时将弹出提示信息框，询问用户是否关闭窗口，如图 11-17 所示。

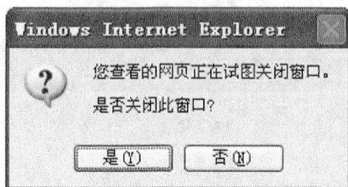

图11-17 预览网页

(6) 单击 是(Y) 按钮关闭窗口，如果单击 否(N) 按钮将不关闭窗口。

11.2.6 控制 Shockwave 或 Flash

【控制 Shockwave 或 Flash】行为可以控制 Shockwave 动画或 Flash 动画的播放、停止、重放或跳转到某一帧。下面介绍设置【控制 Shockwave 或 Flash】行为的基本方法。

【例11-6】控制 Shockwave 或 Flash。

操作步骤

(1) 打开网页文档"index11-2-6.html"，如图 11-18 所示。

图11-18　打开网页文档

(2)　选中 Flash 动画，在其【属性】面板中将视频命名为 "sumei"，并取消对【自动播放】复选框的勾选，如图 11-19 所示。

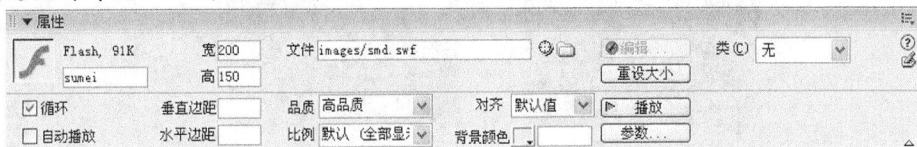

图11-19　设置 Flash 动画属性

> 要点提示　必须命名这个动画，才能使用【控制 Shockwave 或 Flash】行为控制它。

(3)　选中 Flash 动画下面单元格中的文本 "开始播放"，并在【属性】面板的【链接】文本框中为其添加空链接，如图 11-20 所示。

图11-20　添加空链接

(4)　在【行为】面板中单击 按钮，从行为菜单中选择【控制 Shockwave 或 Flash】命令，打开【控制 Shockwave 或 Flash】对话框。

(5)　在【影片】列表中选择命名的影片 "sumei"，在【操作】选项组中选择【播放】单选按钮，如图 11-21 所示。

(6)　单击 确定 按钮关闭对话框，然后在【行为】面板中将事件设置为 "onClick"，如图 11-22 所示。

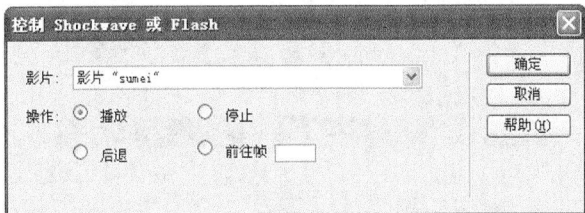

图11-21　【控制 Shockwave 或 Flash】对话框

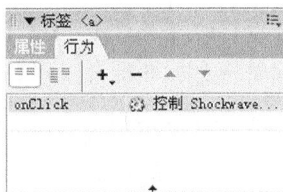

图11-22　设置控制 Shockwave 或 Flash 行为

(7)　为文本 "停止播放" 添加空链接，然后打开【控制 Shockwave 或 Flash】对话框，在【操作】选项组中选择【停止】单选按钮，如图 11-23 所示，在【行为】面板中将事件设置为 "onClick"。

图11-23 【控制 Shockwave 或 Flash】对话框

(8) 保存网页并按 F12 键进行预览，单击 "开始播放" 超级链接开始循环播放 Flash 动画，单击 "停止播放" 超级链接将停止播放 Flash 动画，如图 11-24 所示。

图11-24 控制 Flash 动画

11.2.7 改变属性

【改变属性】行为用来改变网页元素的属性值，如文本的字体、大小和颜色，层的可见性，背景色，图片的来源以及表单的执行等，下面进行简要介绍。

【例11-7】改变属性。

操作步骤

(1) 创建一个新文档并保存为 "index11-2-7.html"，然后在【页面属性】对话框中将页面字体设置为 "宋体"，大小设置为 "16 像素"。

(2) 在文档中插入一个层 "Layer1"，然后在层中输入文本，如图 11-25 所示。

(3) 选中层 "Layer1"，然后从【行为】菜单中选择【改变属性】命令。

(4) 在打开的【改变属性】对话框的【对象类型】下拉列表中选择【DIV】选项，此时【命名对象】选项变为层的名称 "div"Layer1""。如果文档中有多个层，【命名对象】下拉列表中就会有多个选项，选择某个层就可对该层的属性进行设置。

(5) 在对话框的【属性】/【选择】下拉列表中选择【style.color】选项来设置颜色属性，在【新的值】文本框内输入 "#FF0000"，如图 11-26 所示。

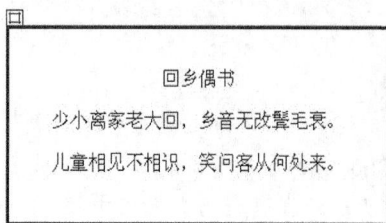

图11-25 在层中输入文本

图11-26 【改变属性】对话框

(6) 单击 ⎡ 确定 ⎤ 按钮关闭对话框，在【行为】面板中设置触发事件为"onMouseOver"。

(7) 运用相同的方法再添加一个【改变属性】行为，将其触发事件设置为"onMouseOut"，参数设置如图 11-27 所示。

(8) 在【行为】面板中先后添加了两个【改变属性】行为，如图 11-28 所示。

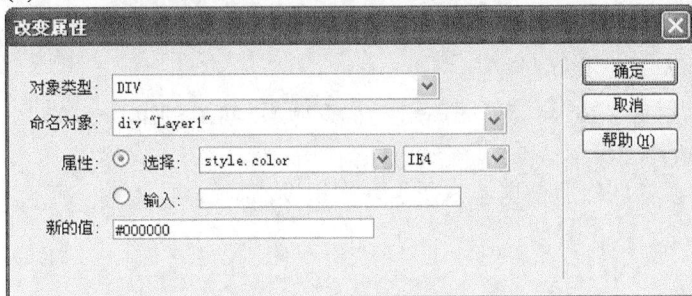

图11-27 【改变属性】对话框

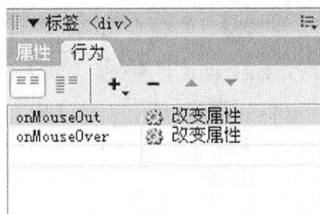

图11-28 【行为】面板

(9) 按 F12 键预览网页，当鼠标指针移动到文本上时，文本颜色就会变成红色；鼠标指针离开文本时，文本就恢复为原颜色，如图 11-29 所示。

图11-29 预览网页

习题

1. 根据提示使用行为完善网页，效果如图 11-30 所示。

图11-30 使用行为完善网页

步骤提示

① 对第 1 幅图像应用【交换图像】行为，原始档为 "images/tu02.jpg"，要求预先载入图像，鼠标滑开时恢复图像。

② 对第 2 幅图像应用【弹出信息】行为，使其不能被浏览者下载，提示信息为 "此图不允许下载!"，触发事件为 "onMouseDown"。

③ 为文本 "打印本页" 添加空链接 "#"，然后对其应用【调用 JavaScript】行为，JavaScript 代码为 "history.print()"。

2. 根据自己的爱好自行搜集素材，然后根据本章所学习知识设计制作网页。

第12章 创建表单网页

含有表单的网页被称作表单网页，表单是制作动态网页的基础。本章将介绍表单的基本知识以及创建表单网页的方法。

学习目标
- 了解表单的概念。
- 掌握创建表单网页的方法。
- 掌握使用行为验证表单的方法。

12.1 创建表单网页

下面介绍表单的基本知识。

12.1.1 认识表单

表单是用户与服务器之间信息交互的桥梁，用户可以使用诸如文本域、列表框、复选框以及单选按钮之类的表单对象输入信息，然后单击某个按钮向服务器提交信息，如图 12-1 所示。这些信息将被发送到服务器，服务器端脚本或应用程序将对这些信息进行处理。服务器进行响应时会将被请求信息发送回用户（或客户端），或基于该表单内容执行一些操作。当然，也可以将表单数据直接发送给某个电子邮件收件人。

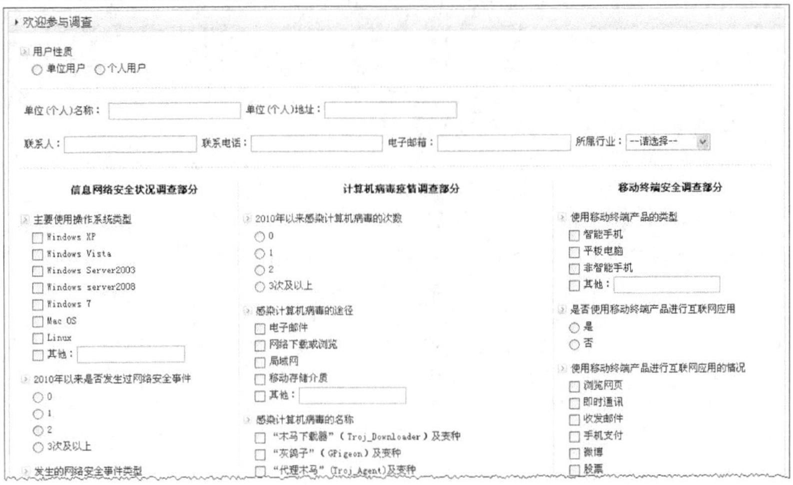

图12-1 表单网页

表单的应用，使得基于网页的编程得以实现。一个具有完整功能的表单网页通常由两部分组成，一部分是用于搜集数据的表单页面，另一部分是处理数据的服务器端脚本或应用程序。本章要介绍的是用于搜集数据的表单页面，处理数据的服务器端脚本或应用程序的内容将在下一章动态网页中进行介绍。

12.1.2 创建表单

在制作表单页面时，需要插入表单对象。插入表单对象通常有两种方法，一种是使用菜单命令【插入】/【表单】中的相应选项，另一种是使用【插入】/【表单】面板中的相应工具按钮。如果在【首选参数】对话框的【辅助功能】分类中勾选了【表单对象】复选框，在插入表单对象时将弹出【输入标签辅助功能属性】对话框，如图 12-2 所示。单击 取消 按钮，表单对象也可以插入到文档中，但不会与辅助功能标签或属性相关联。在【首选参数】对话框的【辅助功能】分类中取消勾选【表单对象】复选框，在插入表单对象时将不会出现该对话框。

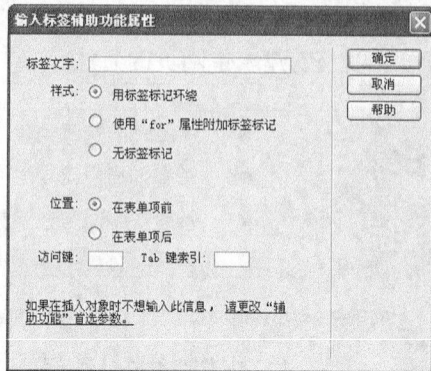

图12-2 表单辅助功能

插入表单对象后，如果要设置表单对象的属性，需要保证表单对象处于选中状态，然后在【属性】面板中进行设置。下面通过具体操作介绍插入表单对象的方法。

【例12-1】插入表单对象。

操作步骤

(1) 将素材文件复制到站点根文件夹下，然后打开文档"index12.html"。
(2) 将光标置于文档的开始处，即现有表格的前面，然后选择【插入】/【表单】/【表单】命令，插入一个表单区域。

> 在页面中插入表单对象时，首先需要插入一个表单区域，然后再在其中插入各种表单对象。当然，也可以直接插入文本域等表单对象，因为在首次插入表单对象时，Dreamweaver 会自动插入表单区域。但是，表单网页通常使用表格进行布局，因此应该先插入表单区域，然后在其中插入表格，最后在单元格中插入表单对象比较合适。
>
> 在【设计】视图中，表单的轮廓线以红色的虚线表示。如果看不到轮廓线，可以在菜单栏中选择【查看】/【可视化助理】/【不可见元素】命令显示轮廓线。
>
> 在文档窗口中，单击表单轮廓线将其选定，其【属性】面板如图 12-3 所示。
>
> 下面对表单【属性】面板中的参数简要说明如下。
>
> 知
>
> 识
>
> 链
>
> 接
>
> - 【表单名称】：用于设置标识该表单的唯一名称。命名表单后，就可以使用脚本语言引用或控制该表单。如果不命名表单，则 Dreamweaver 使用语法 form *n* 生成一个名称，并在向页面中添加每个表单时递增 *n* 的值。
> - 【动作】：用于设置处理该表单的动态页或脚本的路径，也可以输入电子邮件地址。
> - 【方法】：用于设置将表单内的数据传送给服务器的方法，共有 3 个选项。"GET"是指将表单内的数据附加到 URL 后面传送给服务器，不适用表单内容比较多的情况；"POST"将在 HTTP 请求中嵌入表单数据，在理论上不限制表单的长度，但由 POST 方法发送的信息是未经加密的；"默认"是指用浏览器的默认设置将表单数据发送到服务器。通常，默认方法为"GET"方法。
> - 【目标】：用于指定一个窗口来显示应用程序或者脚本程序将表单处理完后所显示的结果。
> - 【MIME 类型】：用于设置对提交给服务器进行处理的数据使用"MIME"编码类型，默认设置"application/x-www-form-urlencoded"常与【POST】方法协同使用。如果要创建文件上传域，应指定"multipart/form-data MIME"类型。

图12-3 表单的【属性】面板

(3) 将文档中的表格选中按 Ctrl+X 组合键进行剪切，然后将其粘贴（Ctrl+V 组合键）到表单区域中，如图 12-4 所示。

注册通行证

通行证用户名:	
登录密码:	
重复登录密码:	
密码保护问题:	
您的答案:	
性别:	男 女
关联手机号:	
保密邮箱:	
您的爱好:	下棋 旅游 爬山 球类 其他
您的照片:	
自我评价:	

图12-4 插入表单区域

(4) 将光标置于"通行证用户名:"右侧单元格中，选择【插入】/【表单】/【文本域】命令插入一个文本域，然后在【属性】面板中设置其属性，如图 12-5 所示。

图12-5 文本域【属性】面板

> 文本域是可以输入文本内容的表单对象。下面对【属性】面板中的参数简要说明如下。
>
> - 【文本域】：用于设置文本域的唯一名称。另外，表单对象名称不能包含空格或特殊字符，可以使用字母、数字和下画线的任意组合。读者需要注意的是，为文本域指定的名称是将存储该域的值（输入的数据）的变量名，以便发送给服务器进行处理。
> - 【字符宽度】：用于设置文本域中最多可显示的字符数，对于那些因字符宽度限制而不能直接在文本域中显示的字符，文本域对象能够识别它们，并且可以将它们发送到服务器端进行处理。
> - 【最多字符数】：当文本域的【类型】选项设置为"单行"或"密码"时，该属性用于设置可向文本域中输入的最多字符数，如果用户输入的字符数量超过最大字符数，则表单产生警告声。如果将"最多字符数"文本框保留为空白，则用户可以输入任意数量的文本。
> - 【类型】：用于设置文本域的类型，包括"单行"、"多行"和"密码"3 个选项。当选择"密码"选项并向密码文本域输入密码时，这种类型的文本内容显示为"*"号。当选择"多行"选项时，文档中的文本域将会变为文本区域。
> - 【初始值】：用于设置在首次载入表单时文本域中显示的值。例如，通过包含说明或示例值，可以指示用户在域中输入信息。

知 识 链 接

(5) 将光标置于"登录密码:"右侧单元格中,选择【插入】/【表单】/【文本域】命令插入一个文本域,然后在【属性】面板中设置其属性,如图 12-6 所示。

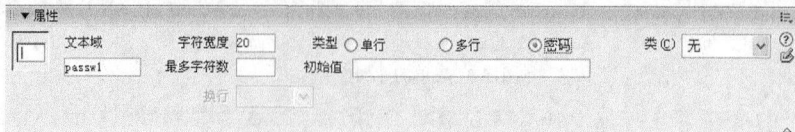

图12-6 文本域【属性】面板

(6) 运用同样的方法在"重复登录密码:"右侧单元格中插入一个类型为"密码"的文本域,文本域名称为"passw2",字符宽度为"20"。

(7) 将光标置于"密码保护问题:"后面的单元格内,然后选择【插入】/【表单】/【列表/菜单】命令,插入一个列表/菜单域,如图 12-7 所示。

(8) 在【属性】面板中单击 列表值... 按钮,打开【列表值】对话框,添加【项目标签】和【值】,如图 12-8 所示。

图12-7 插入列表/菜单域

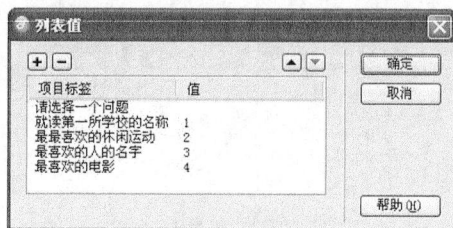

图12-8 添加列表值

(9) 单击 确定 按钮关闭对话框,然后在【属性】面板中设置名称为"question",初始化时选定"请选择一个问题",如图 12-9 所示。

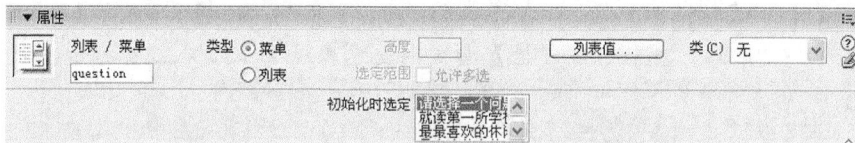

图12-9 列表/菜单【属性】面板

> 知 识 链 接
>
> 　　列表/菜单可以显示一个包含有多个选项的可滚动列表,在列表中可以选择需要的项目。其【属性】面板相关参数简要说明如下。
> - 【列表/菜单】:用于设置列表或菜单的唯一名称。
> - 【类型】:用于设置是下拉菜单还是滚动列表。当【类型】选项设置为"菜单"时,【高度】和【选定范围】选项为不可选状态,在【初始化时选定】列表框中只能选择 1 个初始选项。将【类型】选项设置为"列表"时,【高度】和【选定范围】选项为可选状态,其中,【高度】选项用于设置列表中显示的项数,【选定范围】选项用于设置是否允许多项选择。
> - 列表值... 按钮:单击此按钮将打开【列表值】对话框,在这个对话框中可以增减和修改【列表/菜单】的内容。每项内容都有一个项目标签和一个值,标签将显示在浏览器中的列表/菜单中。当列表或者菜单中的某项内容被选中,提交表单时它对应的值就会被传送到服务器端的表单处理程序,若没有对应的值,则传送标签本身。
> - 【初始化时选定】:文本列表框内首先显示"列表/菜单"的内容,然后可在其中设置"列表/菜单"的初始选项。若【类型】选项设置为"列表",则可初始选择多个选项;若【类型】选项设置为"菜单",则只能初始选择 1 个选项。

(10) 在"您的答案:"右侧单元格中插入一个类型为"单行"的文本域,文本域名称为"answer",字符宽度为"20"。

(11) 将光标置于"性别:"后面的单元格内,然后选择【插入】/【表单】/【单选按钮】命令,分别在文本"男"和"女"的前面插入两个单选按钮,并在【属性】面板中设置其属性参数,如图 12-10 所示。

图12-10 插入单选按钮

> 单选按钮主要用于标记一个选项是否被选中,单选按钮只允许用户从选项中选择一个选项。在设置单选按钮属性时,需要依次选中各个单选按钮分别进行设置。同一组单选按钮的名称都是一样的,那么依靠什么来判断哪个按钮被选定呢?因为单选按钮具有唯一性,即多个单选按钮只能有一个被选定,所以【选定值】选项就是判断的唯一依据。由于【选定值】选项是用来设置在该单选按钮被选中时发送给服务器的值,因此每个单选按钮的【选定值】选项被设置为不同的数值,如性别"男"的单选按钮的【选定值】选项设置为"1",性别"女"的单选按钮的【选定值】选项被设置为"0"。

(12) 在"关联手机号:"右侧单元格中插入一个类型为"单行"的文本域,文本域名称为"mobile",字符宽度为"20"。

(13) 在"保密邮箱:"右侧单元格中插入一个类型为"单行"的文本域,文本域名称为"email",字符宽度为"20"。

(14) 将光标置于"您的爱好:"后面单元格内相应文本的前面,然后选择【插入】/【表单】/【复选框】命令分别插入 5 个复选框,第 1 个复选框的属性设置如图 12-11 所示,其他复选框的属性设置依此类推。

图12-11 复选框【属性】面板

> 复选框允许在一组选项中选择多个选项。每个复选框都是独立的,必须有一个唯一的名称。在设置复选框属性时,需要依次选中各个复选框分别进行设置。由于复选框在表单中一般都不单独出现,而是多个复选框同时使用,因此其【选定值】选项就显得格外重要。【选定值】选项主要用来设置在该复选框被选中时发送给服务器的值,例如,在一项调查中,可以将值 4 设置为表示非常同意,值 1 设置为表示强烈反对。另外,复选框的名称最好与其说明性文字发生联系,这样在表单脚本程序的编制中将会节省许多时间和精力。

(15) 将光标置于"您的照片:"右侧单元格中,然后选择【插入】/【表单】/【文件域】命令插入一个文件域,其属性设置如图 12-12 所示。

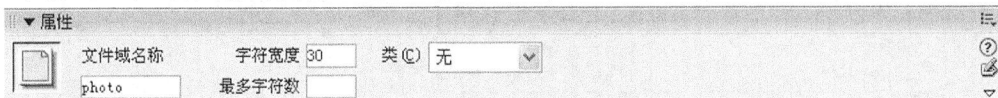

图12-12 文件域【属性】面板

> 文件域的作用是使用户可以选择其计算机上的文件,并将该文件上传到服务器。文件域的外观与其他文本域类似,只是文件域还包含一个 浏览… 按钮,用户可以手动输入要上传的文件路径,也可以使用该按钮定位并选择文件。当然,真正上传文件还需要具有服务器端脚本或能够处理文件提交的页面才行。文件域要求使用 POST 方法将文件从浏览器传输到服务器。该文件被发送到表单的【动作】文本框中所指定的地址。

(16) 将光标置于"自我评价:"后面的单元格内，然后选择【插入】/【表单】/【文本区域】命令插入一个文本区域，如图 12-13 所示。

图12-13　文本域【属性】面板

文本区域是含有多行的文本域。下面对其【属性】面板中的参数简要说明如下。
- 【行数】：用于设置多行文本域的高度。
- 【换行】：指定当用户输入的信息较多，无法在定义的文本区域内显示时，如何显示用户输入的内容。换行选项中包含如下选项。

选择"关或默认"，防止文本换行到下一行。当用户输入的内容超过文本区域的右边界时，文本将向左侧滚动，用户必须按 Enter 键才能将插入点移动到文本区域的下一行。

选择"虚拟"，在文本区域中设置自动换行。当用户输入的内容超过文本区域的右边界时，文本换行到下一行。当提交数据进行处理时，自动换行并不应用于数据，数据作为一个数据字符串进行提交。

选择"物理"，在文本区域设置自动换行，当提交数据进行处理时，也对这些数据设置自动换行。

(17) 将光标置于"自我评价:"下面的单元格内，然后选择【插入】/【表单】/【隐藏域】命令插入一个隐藏域，其属性设置如图 12-14 所示。

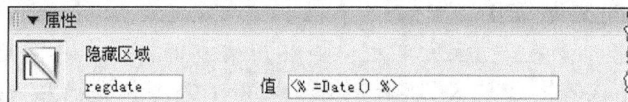

图12-14　隐藏域【属性】面板

隐藏域主要用来储存并提交非用户输入信息，如注册时间、认证号等，这些都需要使用 JavaScript、ASP 等来编写，当然也可以根据需要直接输入文本或数字等内容。隐藏域在网页中一般不显现。【属性】面板中的【隐藏区域】文本框主要用来设置隐藏域的名称。【值】文本框内可以输入 ASP 代码，如 "<% =Date() %>"，其中 "<%…%>" 是 ASP 代码的开始、结束标志，而 "Date()" 表示当前的系统日期（如 2010-12-20），如果换成 "Now()" 则表示当前的系统日期和时间（如 2010-12-20 10:16:44），而 "Time()" 则表示当前的系统时间（如 10:16:44）。

(18) 将光标置于隐藏域右侧的单元格内，然后选择【插入】/【表单】/【按钮】命令插入两个按钮，并在【属性】面板中设置其属性，如图 12-15 所示。

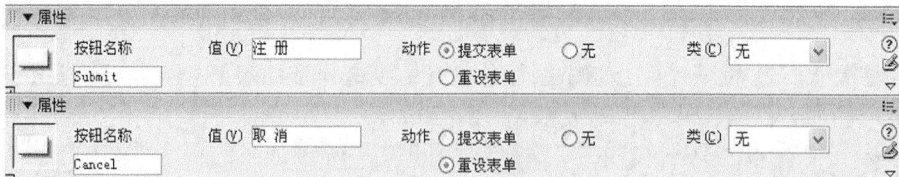

图12-15　按钮【属性】面板

按钮对于表单来说是必不可少的，使用按钮可以将表单数据提交到服务器，或者重置该表单。在按钮【属性】面板中，【值】用于设置按钮上显示的文本；【动作】用于设置单击该按钮后运行的程序，【提交表单】表示单击该按钮后将表单中的数据提交给表单处理应用程序，【重设表单】表示单击该按钮后表单中的数据将恢复到初始值，【无】表示单击该按钮后表单中的数据既不提交也不重设。

另外，表单对象中的图像域也可用于生成图形化的按钮，例如"提交"或"重置"按钮。图像域使用户可以在表单中插入一个图像。

(19) 选择【文件】/【另存为】命令将文件保存为 "index12-1.html"，效果如图 12-16 所示。

图12-16 表单网页

知识拓展

下面将上面未涉及的表单对象简要介绍如下。

① 单选按钮组。

插入单选按钮组的方法是，选择【插入】/【表单】/【单选按钮组】命令，打开【单选按钮组】对话框。在【名称】文本框中输入单选按钮组的名称，在【单选按钮】列表框中添加单选按钮项，包括标签文字和值，在【布局，使用】项中可以选择换行符（
标签）或表格来布局单选按钮，如图 12-17 所示。

在【单选按钮组】对话框中，单击 ⊞ 按钮向组内添加一个单选按钮项，同时可以指定标签文字和值；单击 ⊟ 按钮在组内删除选定的单选按钮项；单击 ▲ 按钮将选定的单选按钮项上移；单击 ▼ 按钮将选定的单选按钮项下移。

设置完毕后，单击 确定 按钮一次性插入多个单选按钮，如图 12-18 所示。

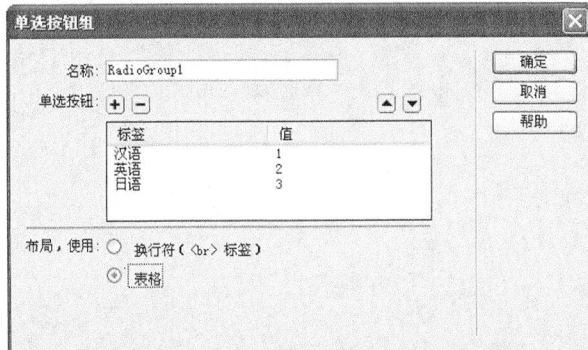

图12-17 【单选按钮组】对话框

图12-18 插入单选按钮组

② 跳转菜单。

跳转菜单利用表单元素形成各种选项的列表，当选择列表中的某个选项时，浏览器会立即跳转到一个新网页。插入跳转菜单的方法是，选择【插入】/【表单】/【跳转菜单】命令，打开【插入跳转菜单】对话框，添加菜单项并进行参数设置即可，如图12-19所示。

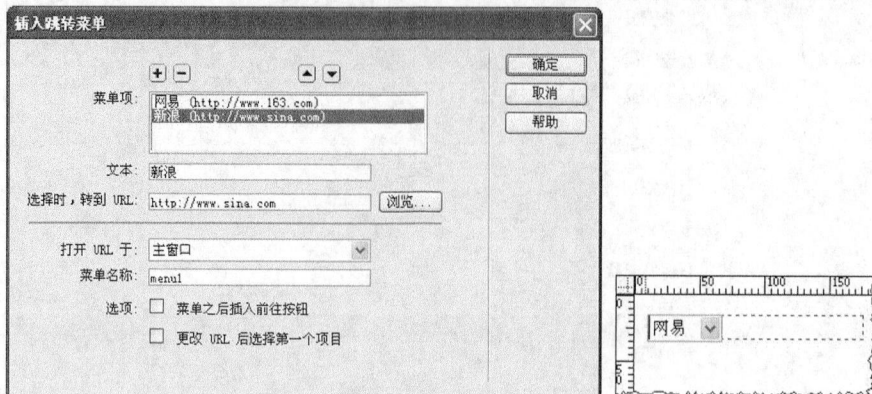

图12-19 【插入跳转菜单】对话框

下面对【插入跳转菜单】对话框的各项参数简要说明如下。

- 【菜单项】：单击 + 按钮添加一个菜单项，单击 - 按钮删除一个菜单项，单击 ▲ 按钮将选定的菜单项上移，单击 ▼ 按钮将选定的菜单项下移。
- 【文本】：为菜单项输入在菜单列表中显示的文本。
- 【选择时，转到 URL】：设置要打开的 URL。
- 【打开 URL 于】：设置打开文件的位置，如果选择【主窗口】选项则在同一窗口中打开文件，如果选择【框架】选项则在所设置的框架中打开文件。
- 【菜单名称】：设置菜单项的 ID 名称。
- 【选项】：勾选【菜单之后插入前往按钮】复选框可以添加一个 前往 按钮，不用菜单选择提示；如果要使用菜单提示，则勾选【更改 URL 后选择第一个项目】复选框。

跳转菜单的外观和菜单域相似，不同的是跳转菜单具有超级链接功能。如果要修改跳转菜单的菜单项，方法与修改列表/菜单一样。如果通过 Dreamweaver 的【跳转菜单】行为来进行修改可能更方便一些，因为添加【跳转菜单】后，在【行为】面板中自动出现了【跳转菜单】行为，如图12-20所示，对其进行双击将打开【跳转菜单】对话框，可以继续设置相关参数，如图12-21所示。

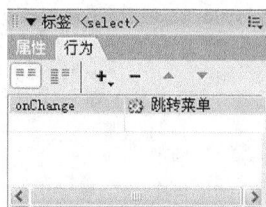

图12-20 【行为】面板

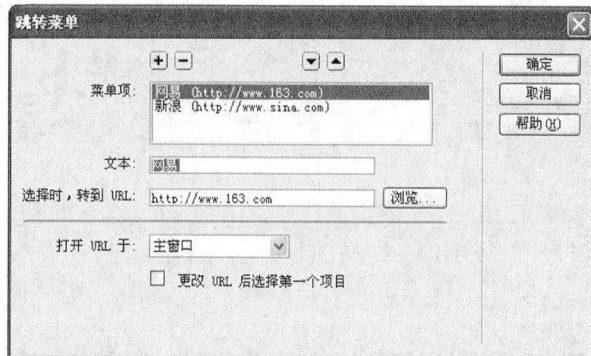

图12-21 【跳转菜单】对话框

12.2 使用行为验证表单

表单在提交到服务器端以前必须进行验证，以确保输入数据的合法性。使用【检查表单】行为可以检查指定文本域的内容，以确保用户输入了正确的数据类型。下面介绍使用【检查表单】行为验证表单的方法。

【例12-2】插入表单对象。

操作步骤

(1) 接上例。将光标置于表单中，单击左下方标签选择器中的"<form#form1>"选中整个表单。

(2) 打开【行为】面板，单击 **+** 按钮，在弹出的菜单中选择【检查表单】命令，打开【检查表单】对话框。

(3) 在【检查表单】对话框中，设置文本域【username】选项为"必需的"和"任何东西"，文本域【passw1】和【passw2】选项为"必需的"和"数字"，文本域【email】选项为"电子邮件地址"，文本域【mobile】选项为"数字"，如图 12-22 所示。

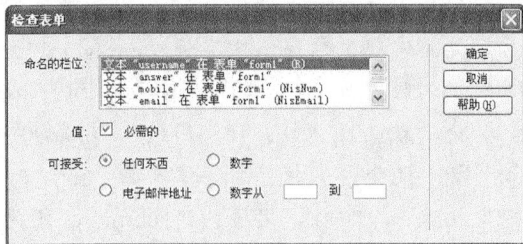

图12-22 【检查表单】对话框

> 知识链接
>
> 【检查表单】对话框的各项参数简要说明如下。
> - 【命名的栏位】：列出表单中所有的文本域和文本区域供选择。
> - 【值】：如果选中【必需的】复选框，表示【域】文本框中必须输入内容。
> - 【可接受】：包括 4 个选项，其中"任何东西"表示输入的内容不受限制，"电子邮件地址"表示仅接收电子邮件地址格式的内容，"数字"表示仅接受数字，"数字从…到…"表示仅接受指定范围内的数字。

(4) 单击 确定 按钮添加【检查表单】行为，并在【行为】面板中设置触发事件为"onSubmit"，如图12-23 所示。

(5) 选择【文件】/【另存为】命令将文件保存为"index12-2.html"。

图12-23 添加行为

案例小结

如果用户是在填写表单时需要分别检查各个表单域，此时需要分别选择各个表单域，然后在【行为】面板中单击 **+** 按钮，在弹出的菜单中选择【检查表单】命令。如果用户是在提交表单时检查各个表单域，需要先选中整个表单，然后在【行为】面板中单击 **+** 按钮，在弹出的菜单中选择【检查表单】命令，打开【检查表单】对话框进行参数设置。

在设置了【检查表单】行为后，当表单被提交时（"onSubmit"大小写不能随意更改），验证程序会自动启动，必填项如果为空则发出警告，提示用户重新填写，如果不为空则提交表单。

习题

1. 制作表单网页，效果如图 12-24 所示。

图12-24 表单网页效果

步骤提示

① 插入用户名文本域，名字为"username"，宽度为"20"，类型为"单行"。

② 插入密码文本域，名字为"password"，宽度为"20"，类型为"密码"。

③ 插入版本列表/菜单域，名字为"version"，类型为"菜单"，列表值中的项目标签依次为"默认"、"极速"、"简约"，对应的值依次为"1"、"2"、"3"。

④ 插入两个复选框，名字依次为"rem"、"ssl"，选定值依次为"1"、"2"。

⑤ 插入一个按钮，名字为"submit"，值为"登录"，动作为"提交表单"。

2. 根据本章所学习知识自行设计制作表单网页。

第13章 创建动态网页

随着计算机技术和网络技术的发展，创建带有数据库支撑的网页已是大势所趋。本章将介绍在可视化环境下创建具有交互功能的动态网页的基本方法。

学习目标
- 掌握创建数据库连接的方法。
- 掌握显示数据库记录的方法。
- 掌握插入数据库记录的方法。
- 掌握更新数据库记录的方法。
- 掌握删除数据库记录的方法。
- 掌握用户身份验证的方法。

13.1 配置动态网页开发环境

使用 Dreamweaver 8 创建动态网页，首先必须配置好开发环境。开发环境主要是指 IIS 服务器运行环境和在 Dreamweaver 8 中可以使用服务器技术的站点环境。下面进行简要介绍。

13.1.1 配置 Web 服务器

在【控制面板】/【管理工具】中双击【Internet 信息服务】选项，打开【Internet 信息服务】窗口，用鼠标右键单击【默认网站】选项，在弹出的快捷菜单中选择【属性】命令，弹出【默认网站属性】对话框，在【网站】选项卡的【IP 地址】文本框中输入本机的 IP 地址（如果不连网没有 IP 也可以输入 "127.0.0.1" 或者不设置）。切换到【主目录】选项卡，在【本地路径】文本框中设置网页所在目录，如 "D:\mysite"。切换到【文档】选项卡，添加站点默认的首页文档名称，如 "index.asp"。详情可参考最后一章 "配置 Web 服务器" 的相关内容。

13.1.2 定义动态站点

Web 服务器配置完毕后，就需要在 Dreamweaver 8 中定义使用脚本语言的站点了。在站点定义窗口【高级】选项卡的【本地信息】分类中，设置站点名称为 "mysite"，本地根文件夹为 "D:\mysite\"，HTTP 地址根据实际情况设置（如果没有也可以输入 "127.0.0.1" 或 "http://localhost/"，总之要与 Web 服务器的配置一致），如图 13-1 所示。

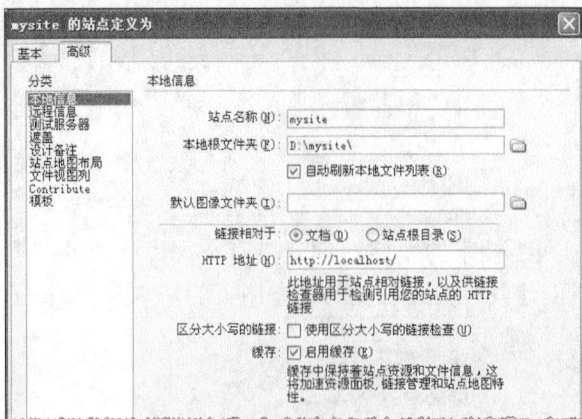

图13-1 本地信息

在站点定义窗口【高级】选项卡的【测试服务器】分类中，使用的服务器技术为"ASP VBScript"，在本地进行编辑和测试，即将【访问】选项设置为"本地/网络"，测试服务器文件夹与本地文件夹一致，如图 13-2 所示。由于是在本地进行编辑和测试，不需要设置远程服务器信息。

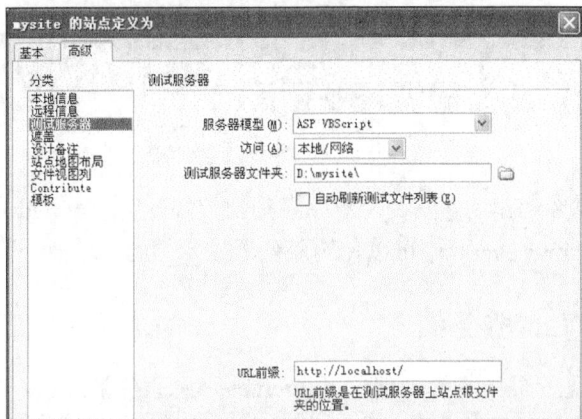

图13-2 测试服务器信息

ASP（Active Server Pages）是由 Microsoft 公司推出的专业 Web 开发语言，可以使用 VBScript、JavaScript 等语言编写，具有简单易学的优点，比较适合初学者。

13.2 创建数据库连接

在创建具有后台数据库支撑的动态网页时，首先必须创建数据库连接。创建数据库连接必须在创建或打开 ASP 网页的前提下进行。数据库连接创建完毕后，站点中的任何一个 ASP 网页都可以使用该数据库连接。

为了便于本章内容的学习，下面首先将要用到的数据库及其包含的数据表进行简要说明。本章用到的数据库为 Access 2003 数据库，名称为"bookdb.mdb"，包含 3 个数据表，分别为"book"（荐购图书信息表）、"user"（后台管理账户表）和"group（权限分组表）"，每个表包含的字段如表 13-1 所示。

表 13-1 数据库"bookdb.mdb"包含的数据表及其字段

表"book"		表"user"		表"group"	
字段名	说明	字段名	说明	字段名	说明
id	自动编号	id	自动编号	id	自动编号
name	姓名	username	用户名	groupname	分组名
identity	身份	pword	密码	groupid	权限分组标识
department	单位	groupid	权限分组标识		
telephone	电话				
email	E-mail				
bookname	书名				
author	作者				
press	出版社				
pressdate	出版年月				
beizhu	说明文字				
adddate	提交日期				
result	管理人员答复				

13.2.1 创建 ASP 动态网页

所谓动态网页，主要体现在不同的浏览者、在不同的时间浏览同一个页面时，可能得到不同的浏览页面，浏览内容具有实时性，浏览的过程具有交互性。下面介绍创建 ASP 动态网页的方法。

【例13-1】创建 ASP 网页。

操作步骤

(1) 将素材文件复制到站点根文件夹下，然后选择【文件】/【新建】命令，打开【新建文档】对话框，在【常规】选项卡中选择【动态页】/【ASP VBScript】，如图 13-3 所示。

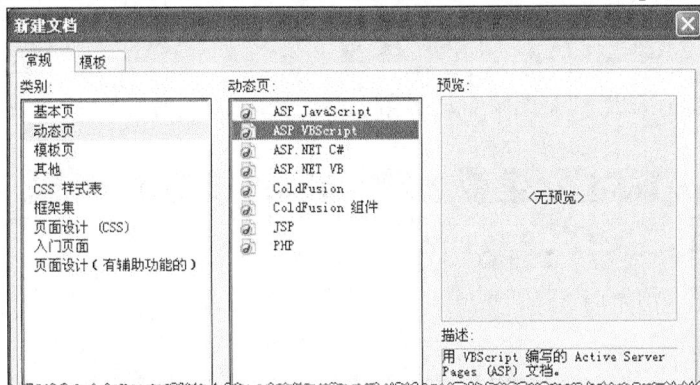

图13-3 选择【动态页】/【ASP VBScript】

(2) 单击 创建(R) 按钮创建动态网页文档，然后选择【文件】/【保存】命令将文档保存为
"loginfail.asp"。

案例小结

这样，一个动态网页就创建完了。查看该网页源代码，可以发现第 1 行是如下代码：

`<%@LANGUAGE="VBSCRIPT" CODEPAGE="936"%>`

其中，LANGUAGE="VBSCRIPT" 用于声明该 ASP 动态网页当前使用的编程脚本为
VBScript。当使用该脚本声明后，该动态网页中使用的程序都必须符合该脚本语言的所有语
法规范。如果使用 JavaScript 脚本语言创建 ASP 动态网页，那么声明代码中脚本语言声明项
应该修改为 LANGUAGE="JAVASCRIPT"。

CODEPAGE="936" 用于定义在浏览器中显示页内容的代码页为简体中文（GB2312）。
代码页是字符集的数字值，不同的语言使用不同的代码页，例如，繁体中文（Big5）代码页
为 950，日文（Shift-JIS）代码页为 932，Unicode（UTF-8）代码页为 65001。在制作动态网
页的过程中，如果在插入或显示数据表中记录时出现了乱码的情况，通常需要采用这种方法
解决，即查看该动态网页是否在第 1 行进行了代码页的声明，如果没有，就应该加上，这样
就不会出现网页乱码的情况了。

13.2.2 创建数据库连接

在 Dreamweaver 8 中创建数据库连接的方式有两种，一种是以自定义连接字符串方式创
建数据库连接，另一种是以数据源名称（DSN）方式创建数据库连接。下面介绍使用自定义
连接字符串创建数据库连接的方法。

【例13-2】创建数据库连接。

操作步骤

(1) 接上例。保证网页文档"loginfail.asp"仍处于打开
的状态，然后选择【窗口】/【数据库】命令打开
【数据库】面板，并单击 + 按钮，在弹出的菜单中
选择【自定义连接字符串】命令，如图 13-4 所示。

(2) 在接着打开的【自定义连接字符串】对话框的【连
接名称】文本框中输入连接名称"conn"，在【连接
字符串】文本框中输入连接字符串，在
【Dreamweaver 应连接】选项中选择第 2 项，如图
13-5 所示。

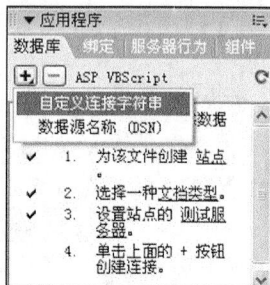

图13-4 选择【自定义连接字符串】命令

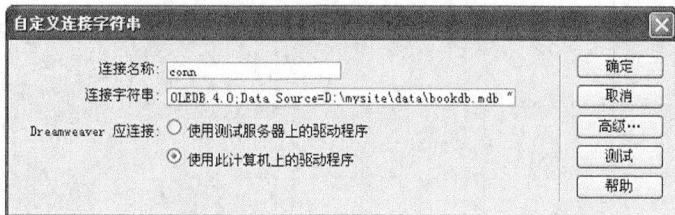

图13-5 【自定义连接字符串】对话框

文本框中输入的连接字符串是：
"Provider=Microsoft.Jet.OLEDB.4.0;Data Source=D:\mysite\data\bookdb.mdb"

(3) 单击 测试 按钮，弹出【成功创建连接脚本】对话框，说明创建数据库连接成功，如图 13-6 所示。

(4) 单击 确定 按钮关闭对话框，然后在【数据库】面板的列表框中单击 ⊞ 按钮查看相关数据表，如图 13-7 所示。

图13-6 【成功创建连接脚本】对话框

图13-7 【数据库】面板

知识拓展

下面对常用的数据库的连接字符串简要介绍如下（字符串中出现的所有标点，包括点、分号、引号和括号均是英文状态下的格式）。

Access 97 数据库的连接字符串有以下两种格式。

- "Provider=Microsoft.Jet.OLEDB.3.5;Data Source=" & Server.MapPath ("数据库文件相对路径")
- "Provider=Microsoft.Jet.OLEDB.3.5;Data Source=数据库文件物理路径"

Access 2000～Access 2003 数据库的连接字符串有以下两种格式。

- "Provider=Microsoft.Jet.OLEDB.4.0;Data Source=" & Server.MapPath("数据库文件相对路径")
- "Provider=Microsoft.Jet.OLEDB.4.0;Data Source=数据库文件物理路径"

Access 2007 数据库的连接字符串有以下两种格式。

- "Provider=Microsoft.ACE.OLEDB.12.0;Data Source= "& Server.MapPath ("数据库文件相对路径")
- "Provider=Microsoft.ACE.OLEDB.12.0;Data Source=数据库文件物理路径"

SQL 数据库的连接字符串格式如下。

- "PROVIDER=SQLOLEDB;DATA SOURCE=SQL 的服务器名称或 IP 地址;UID=用户名;PWD=数据库密码;DATABASE=数据库名称"

代码中的"Server.MapPath()"指的是文件的虚拟路径，使用它可以不理会文件具体存在服务器上的哪个分区下面，只要使用相对于网站根目录或者相对于文档的路径就可以了。

但在 Windows XP Professional 的 IIS 环境下，使用"Server.MapPath()"有时会出现连接不上的情况，因此影响读者的学习。鉴于此，建议读者还是使用数据库文件物理路径的数据库连接方式。使用这种方式，在 Windows XP Professional 的 IIS 环境下不会出现数据库连接不上的情况，但在上传服务器前，需要将站点数据库连接文件中的本地物理路径改成服务器上的物理路径。如果是租用的服务器，如何知道上传后的数据库的物理路径呢？方法是，首先创建一个 ASP 文件，在其源代码中输入 "<%=server.mappath("bookdb.mdb")%>"，如图 13-8 所示，其中 "bookdb.mdb" 为本地使用的数据库名称，然后将文件命名为 "path.asp"，并保存在与数据库文件相同的文件夹下。

```
</head>

<body>
<%=server.mappath("bookdb.mdb")%>
</body>
</html>
```

图13-8　输入 ASP 代码

最后将 ASP 文件 "path.asp" 连同数据库文件 "bookdb.mdb" 以及它们所在的本地站点下的文件夹 "data" 一同上传到服务器。由于远程站点的浏览地址是知道的，因此上传完毕后在浏览器地址栏中输入 "path.asp" 的完整地址并回车进行浏览，浏览器将显示数据库在远程服务器上的物理路径，如图 13-9 所示。

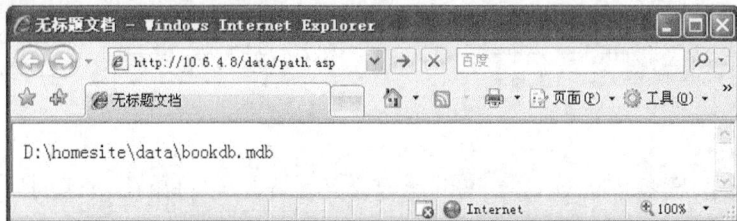

图13-9　数据库在远程服务器上的物理路径

这样，用户就可以在 Dreamweaver 中打开 "Connections" 文件夹下的数据库连接文件 "conn.asp"，并切换到源代码状态，将其中本地数据库路径修改成服务器上的数据库路径，然后保存即可，如图 13-10 所示。这样，就可以将数据库连接文件同站点内的其他文件一起上传了。

```
<%
' FileName="Connection_ado_conn_string.htm"
' Type="ADO"
' DesigntimeType="ADO"
' HTTP="false"
' Catalog=""
' Schema=""
Dim MM_conn_STRING
MM_conn_STRING = "Provider=Microsoft.Jet.OLEDB.4.0;Data Source=D:\mysite\data\bookdb.mdb"
%>
```

图13-10　修改成服务器上的数据库路径

13.3 显示记录

数据库连接创建完毕后，就可以对数据库中的数据表进行操作了。数据表中有多少行就有多少条记录，数据表最简单的操作就是显示记录。下面介绍读取记录的方法，具体包括创建记录集、添加动态数据、添加重复区域、记录集分页、显示记录计数等。

13.3.1 创建记录集

网页不能直接访问数据表中存储的记录，要想显示数据表中的记录必须创建记录集。记录集可以包括数据库表中所有的行和列，也可以包括某些行和列。下面通过具体操作介绍创建记录集的方法。

【例13-3】创建记录集。

操作步骤

(1) 打开网页文档 "result.asp"，然后在【服务器行为】面板中单击⊞按钮，在弹出的菜单中选择【记录集】命令，打开【记录集】对话框。

> **知识链接**
>
> 也可以使用以下方法打开【记录集】对话框。
> - 选择【插入】/【应用程序对象】/【记录集】命令。
> - 在【绑定】面板中单击⊞按钮，在弹出的菜单中选择【记录集】命令。
> - 在【插入】/【应用程序】工具栏中单击 (记录集) 按钮。

(2) 在【记录集】对话框中进行参数设置。在【名称】文本框中输入 "RsBook"，在【连接】下拉列表中选择 "conn"，在【表格】下拉列表中选择 "book"，在【列】按钮组中选择【选定的】单选按钮，按住 Ctrl 键不放，依次在列表框中选择 "adddate"、"author"、"bookname"、"department"、"name"、"press"、"pressdate"、"result"，然后将【排序】设置为按照 "adddate" "降序" 排列，如图 13-11 所示。

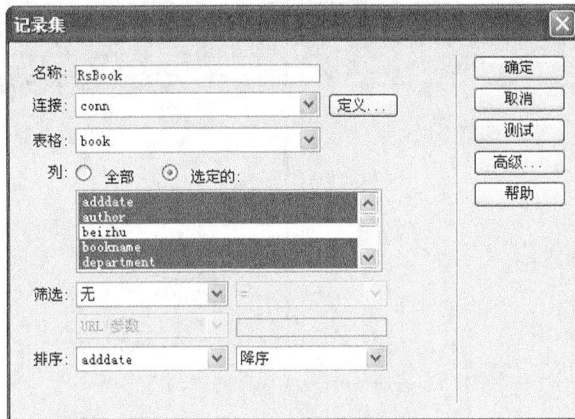

图13-11 【记录集】对话框

> **知识链接**
>
> 下面对【记录集】对话框中的相关参数简要说明如下。
> - 【名称】：用于设置记录集名称，同一页面中可以有多个记录集，但记录集不能重名。
> - 【连接】：用于设置数据库连接。
> - 【表格】：用于设置要显示的数据表。
> - 【列】：用于显示在【表格】下拉列表中选定的数据表中的字段名，默认选择全部的字段，也可按 Ctrl 键来选择特定的某些字段。
> - 【筛选】：用于设置创建记录集的规则和条件。在第 1 个列表中选择数据表中的字段；在第 2 个列表中选择运算符，包括 "=、>、<、>=、<=、<>、开始于、结束于、包含" 9 种；第 3 个列表用于设置变量的类型；文本框用于设置变量的名称。
> - 【排序】：用于设置按照某个字段 "升序" 或者 "降序" 排列。

(3) 设置完毕后单击 [测试] 按钮，在【测试 SQL 指令】对话框中出现选定表中的记录，如图 13-12 所示，这说明创建记录集成功。

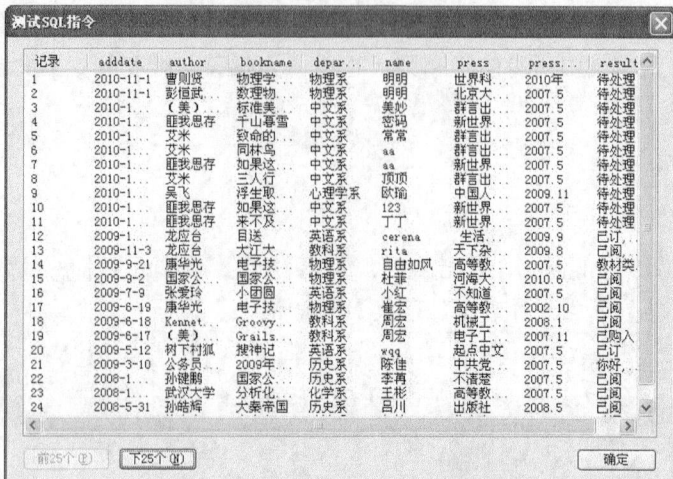

图13-12 【测试 SQL 指令】对话框

(4) 关闭【测试 SQL 指令】对话框，然后在【记录集】对话框中单击 [确定] 按钮，完成创建记录集的任务，此时在【服务器行为】面板的列表框中添加了【记录集（RsBook）】行为，在【绑定】面板中显示了【记录集（RsBook）】及其中相应的字段，如图 13-13 所示。

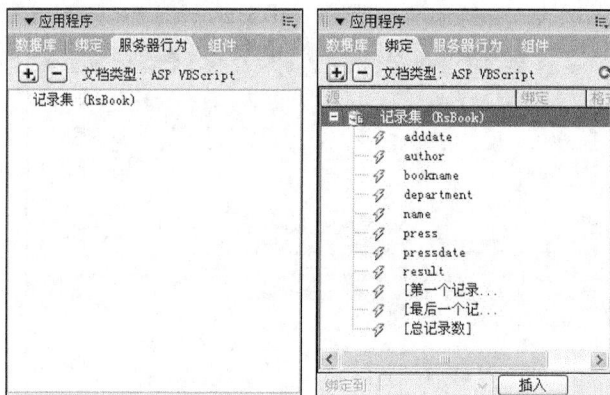

图13-13 【服务器行为】面板和【绑定】面板

> **要点提示**
>
> 每次根据不同的需要创建不同的记录集，有时在一个页面中需要创建多个记录集。

知识拓展

如果对创建的记录集不满意，可以在【服务器行为】面板中双击其名称（面板中的其他服务器行为同样通过双击打开），或在【属性】面板中单击 [编辑...] 按钮，重新打开【记录集】对话框，对原有设置进行编辑即可，如图 13-14 所示。

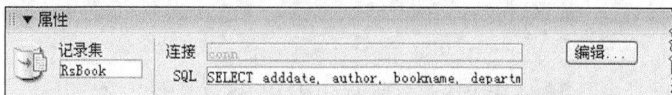

图13-14 记录集【属性】面板

13.3.2 添加动态数据

记录集负责从数据表中取出记录，而要将其在文档中显示出来，就需要通过动态数据的形式，其中最常用的是动态文本。下面通过具体操作进行介绍。

【例13-4】添加动态文本。

操作步骤

(1) 接上例。选中文本"单位"，在【绑定】面板中选择【记录集（RsBook）】/【department】，单击 [插入] 按钮将动态文本插入到文本"单位"处，如图 13-15 所示。

查询图书荐购结果

推荐人基本信息	图书基本信息	处理结果
{RsBook.department} 姓名	书名/作者.-出版社，出版时间	

图13-15 使用【绑定】面板插入动态文本

(2) 选中文本"姓名"，然后在【服务器行为】面板中单击[+]按钮，在弹出的菜单中选择【动态文本】命令，打开【动态文本】对话框，选择【记录集（RsBook）】/【name】，如图 13-16 所示，单击 [确定] 按钮在文本"姓名"处插入动态文本。

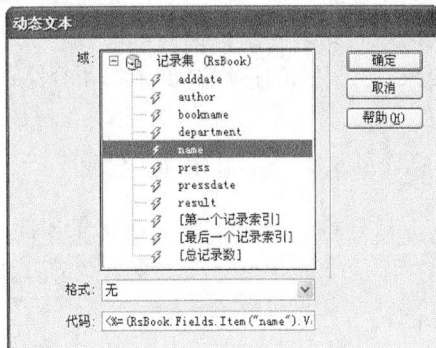

(3) 选中文本"书名"，然后选择【插入】/【应用程序对象】/【动态数据】/【动态文本】命令，打开【动态文本】对话框，选择【记录集（RsBook）】/【bookname】，单击 [确定] 按钮在文本"书名"处插入动态文本。

图13-16 【动态文本】对话框

(4) 运用相同的方法依次在文本"作者"、"出版社"、"出版时间"处以及文本"处理结果"下面的单元格中插入动态文本，如图 13-17 所示。

查询图书荐购结果

推荐人基本信息	图书基本信息	处理结果
{RsBook.department} {RsBook.name}	{RsBook.bookname}/{RsBook.author} -{RsBook.press}，{RsBook.pressdate}	{RsBook.result}

图13-17 插入动态文本

案例小结

上面介绍的是动态文本，当然如果仅仅是将数据表中的数据在页面进行显示，对格式没有特殊要求也可以使用动态表格，方法是，选择【插入】/【应用程序对象】/【动态数据】/【动态表格】命令，打开【动态表格】对话框进行参数设置即可，如图 13-18 所示。

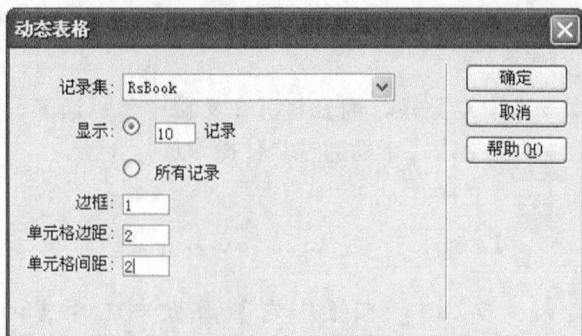

图13-18 【动态表格】对话框

在页面中插入的动态表格如图 13-19 所示。

图13-19 插入的动态表格

这样就省去了插入动态文本和添加重复区域的步骤，只需再添加上记录集分页和记录计数功能就可以了。当然，还需要将表格第 1 行中的字段名称修改为相对应的中文名称，以便阅读。如果为了更美观，还可以重新设置表格属性和单元格属性。但是，这种方法不适合要求比较特殊的情况，如本节所介绍的实例。

13.3.3 添加重复区域

只有添加了重复区域，记录才能一条一条地显示出来，否则将只显示记录集中的第 1 条记录。下面介绍添加重复区域的方法。

【例13-5】添加重复区域。

操作步骤

(1) 接上例。选择如图 13-20 所示表格中的数据显示行，然后在【服务器行为】面板中单击 ➕ 按钮，在弹出的菜单中选择【重复区域】命令，打开【重复区域】对话框。

(2) 在【重复区域】对话框中，将【记录集】设置为 "RsBook"，将【显示】设置为 "10"，如图 13-21 所示。

图13-20 选择要重复的行

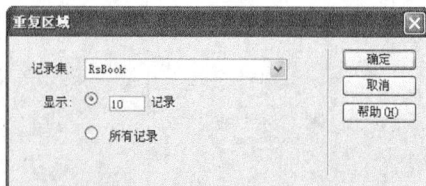

图13-21 【重复区域】对话框

知识链接

在【重复区域】对话框中，【记录集】下拉列表中将显示在当前网页文档中定义的所有记录集名称，如果只有一个记录集，不用特意去选择。在【显示】选项组中，可以在文本框中输入数字定义每页要显示的记录数，也可以选择显示所有记录，在数据量大的情况下不适合选择显示所有记录。

(3) 单击 确定 按钮，所选择的数据行被定义为重复区域，如图 13-22 所示。

查询图书荐购结果		
□		
推荐人基本信息	图书基本信息	处理结果
{RsBook.department} {RsBook.name}	{RsBook.bookname} / {RsBook.author} .- {RsBook.press} , {RsBook.pressdate}	{RsBook.result}

图13-22 设置重复区域

13.3.4 记录集分页

在定义了记录集每页显示的记录数后，要实现翻页效果就必须用到记录集分页功能。下面介绍实现记录集分页的方法。

【例13-6】记录集分页。

操作步骤

(1) 接上例。将光标置于重复区域数据行下面的单元格内，然后选择【插入】/【应用程序对象】/【记录集分页】/【记录集导航条】命令，打开【记录集导航条】对话框。

(2) 在对话框的【记录集】下拉列表中选择【RsBook】，设置【显示方式】为"文本"，如图 13-23 所示。

图13-23 【记录集导航条】对话框

> **知识链接**
> 在【记录集导航条】对话框中，【记录集】下拉列表中将显示在当前网页文档中已定义的所有记录集名称，如果只有一个记录集，不用特意去选择。在【显示方式】选项中，如果选择【文本】单选按钮，则会添加文字用作翻页指示；如果选择【图像】单选按钮，则会自动添加 4 幅图像用作翻页指示。

(3) 单击 确定 按钮，在文档中插入记录集导航条，如图 13-24 所示。

查询图书荐购结果		
□		
推荐人基本信息	图书基本信息	处理结果
{RsBook.department} {RsBook.name}	{RsBook.bookname} / {RsBook.author} .- {RsBook.press} , {RsBook.pressdate}	{RsBook.result}

如果符合此条 如果符合此条 如果符合此 如果符合此条件则显示
第一页 前一页 下一页 最后一页

图13-24 插入的记录集导航条

13.3.5 显示记录计数

如果在显示记录时，能够显示每页显示的记录在记录集中的起始位置以及记录的总数，肯定是比较理想的选择。下面介绍显示记录计数的方法。

【例13-7】显示记录计数。

操作步骤

(1) 接上例。将光标置于文本"□"的右侧，然后选择【插入】/【应用程序对象】/【显示

记录计数】/【记录集导航状态】命令，打开记录集导航状态对话框，在【Recordset】
下拉列表中选择记录集"RsBook"，如图 13-25 所示。

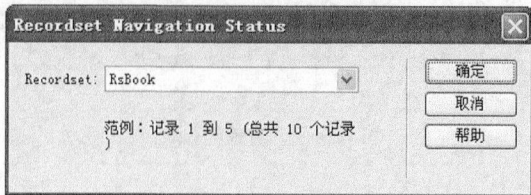

图13-25 记录集导航状态对话框

(2) 单击 确定 按钮，插入记录集导航状态文本，如图 13-26 所示。

图13-26 插入记录集导航状态文本

(3) 保存文件。

案例小结

至此，显示数据库记录的任务就完成了。在制作的过程中，要养成对文件随时进行保存的好习惯，不要等到最后只保存一次，以防出现意外，致使前功尽弃。

13.4 插入、更新和删除记录

数据表中的记录可以通过记录集和动态文本显示出来，但这些记录必须通过适当的方式添加进去，有时还需要对其进行更新甚至删除，这些均可以通过服务器行为来实现，下面分别进行介绍。

13.4.1 插入记录

负责向数据表中插入记录的网页通常由两部分组成：一个是允许用户输入数据的表单，另一个是负责插入记录的服务器行为。可以使用表单工具创建表单页面，然后再使用【插入记录】服务器行为设置插入记录功能。当然也可以选择【插入】/【应用程序对象】/【插入记录】/【插入记录表单向导】命令，在一次操作中同时完成这两个部分。但前种方法灵活性比较强，建议使用前种方法。下面通过具体操作进行简要介绍。

【例13-8】 插入记录。

操作步骤

(1) 打开网页文档"commend.asp"，其中的表单已经预先制作完成，表单对象的名称与数据表"book"中的字段名是一一对应的。

(2) 在【服务器行为】面板中单击 ⊕ 按钮，在弹出的菜单中选择【插入记录】命令，打开
【插入记录】对话框。

(3) 在【连接】下拉列表中选择已创建的数据库连接 "conn"，在【插入到表格】下拉列表
中选择数据表 "book"，在【插入后，转到】文本框中定义插入记录后要转到的页面，
此处仍为 "commend.asp"。

(4) 在【获取值自】下拉列表中选择用于输入数据的表单 "form1"（Dreamweaver 自动选
择页面上的第一个表单），在【表单元素】下拉列表中选择相应的选项，然后在【列】
下拉列表中选择数据表中与之相对应的字段名，在【提交为】下拉列表中为该表单对
象选择数据类型，如果表单对象的名称与数据库中的字段名称是一致的，这里将自动对
应，通常不需要人为设置，如图 13-27 所示。

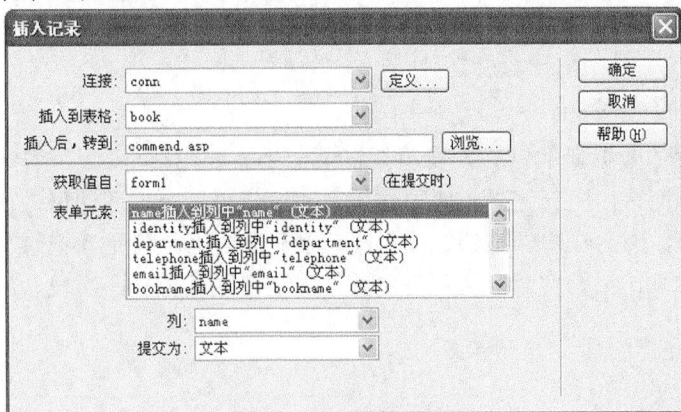

图13-27 【插入记录】对话框

(5) 单击 确定 按钮，向数据表中插入记录的设置就完成了，此时的【服务器行为】面
板和【属性】面板如图 13-28 所示。

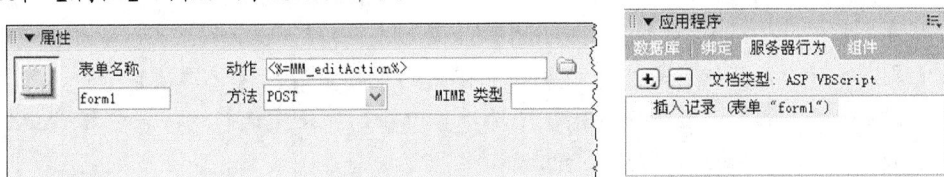

图13-28 【服务器行为】面板和【属性】面板

(6) 保存文档。

知识拓展

也可以通过下面的方法创建能够向数据库插入记录的页面。

(1) 选择【插入】/【应用程序对象】/【插入记录】/【插入记录表单向导】命令，打开
【插入记录表单】对话框，将其中的自动编号字段 "id" 删除，其他选项根据实际需要进行
参数设置，如图 13-29 所示。

(2) 在对话框的【表单字段】中，单击 ⊕ 按钮将添加字段，单击 ⊖ 按钮将删除选定字
段，单击 ▲ 按钮将选定字段上移，单击 ▼ 按钮将选定字段下移。

(3) 在对话框中单击 确定 按钮后，将产生如图 13-30 所示的表单页面，将表格第
1 列中的字段名改成中文提示性文字即可。其缺点是，字段顺序没有按照实际需要排列，需
要进行调整。

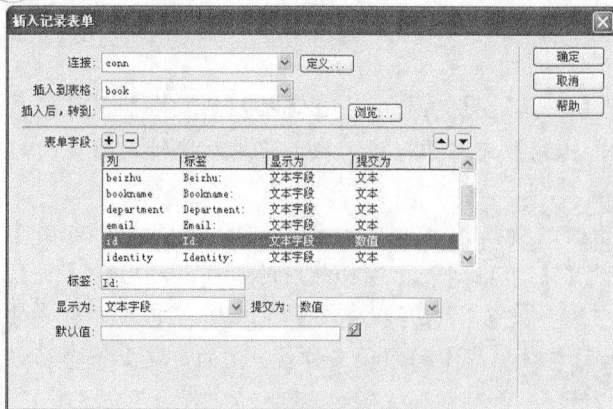

图13-29 【插入记录表单】对话框

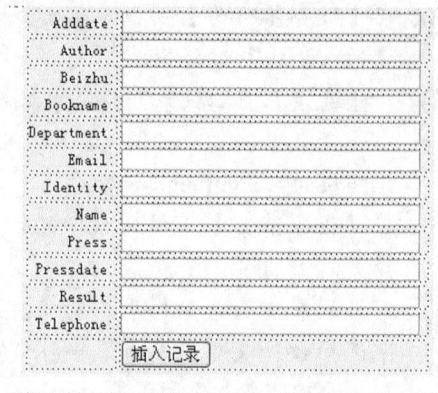

图13-30 产生的表单页面

13.4.2 更新记录

如果数据表中的数据量非常大，要更新记录至少需要 3 个页面：搜索页、结果页和更新页。就本章实例而言，更新记录只需要结果页和更新页两个页面即可，在结果页将数据表中的记录显示出来，然后在更新页通过【更新记录】服务器行为更新记录。当然更新记录不一定是更新所有字段，根据实际需要可以更新某几个字段甚至一个字段。下面通过具体操作进行简要介绍。

【例13-9】更新记录。

操作步骤

在文档"homepage.asp"中浏览荐购图书记录，然后单击其后面的"回复"超级链接打开文档"reply.asp"进行回复，即更新字段"result"的默认值。

(1) 打开网页文档"homepage.asp"，如图 13-31 所示。

(2) 在【服务器行为】面板中单击 按钮，在弹出的菜单中选择【记录集】命令，打开【记录集】对话框，参数设置如图 13-32 所示，其中在列表框中选择的字段包括"adddate"、"author"、"bookname"、"id"、"name"。

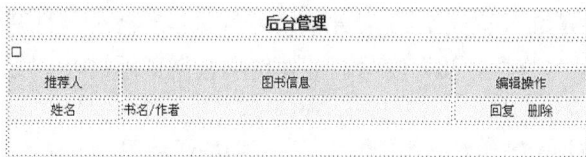

图13-31 打开网页文档

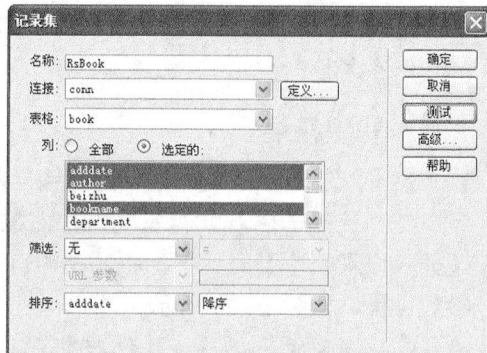

图13-32 创建记录集"RsBook"

(3) 单击 确定 按钮创建记录集"RsBook"，然后根据文档中的文字提示添加动态文本，并设置重复区域、记录计数和分页功能，如图 13-33 所示。

图13-33　创建数据列表

(4) 选中文本"回复"，然后选择【插入】/【应用程序对象】/【转到】/【详细页】命令，弹出【转到详细页面】对话框并进行参数设置，如图 13-34 所示。

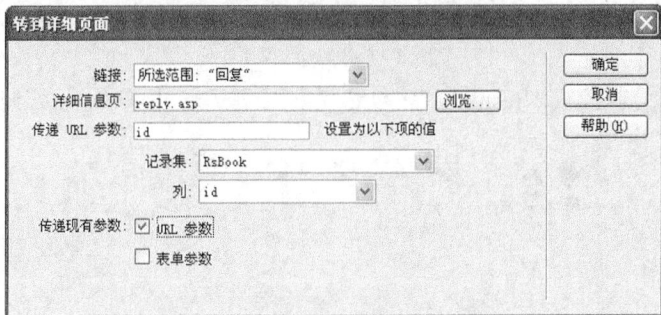

图13-34　【转到详细页面】对话框

(5) 单击 确定 按钮关闭对话框并保存文件。

(6) 打开网页文档"reply.asp"，如图 13-35 所示。

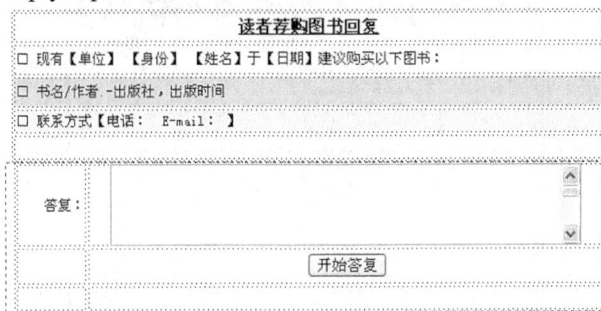

图13-35　打开网页文档

(7) 根据传递的 URL 参数"id"创建记录集"Rs"，如图 13-36 所示。

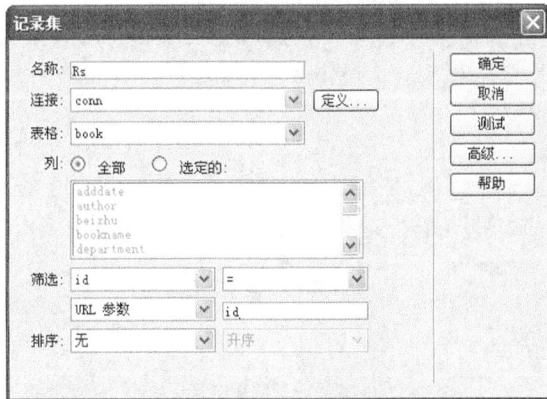

图13-36　创建记录集"Rs"

(8) 根据文档中的提示文字添加相应的动态文本，如图 13-37 所示。

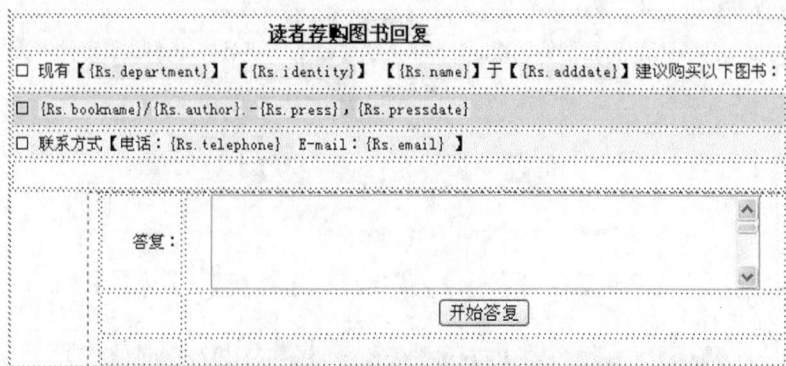

图13-37　添加动态文本

(9)　选中文档中的文本区域 "result"，然后在【属性】面板中单击【初始值】列表框后面的
　　　 🖉 按钮，如图 13-38 所示。

图13-38　【属性】面板

(10)　在打开的【动态数据】对话框的【域】列表框中选择【记录集（Rs）】/【result】，如图
　　　 13-39 所示。

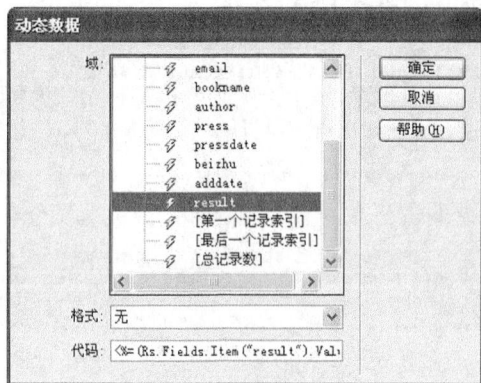

图13-39　【动态数据】对话框

(11)　单击 确定 按钮，将文本区域绑定到动态源，如图 13-40 所示。

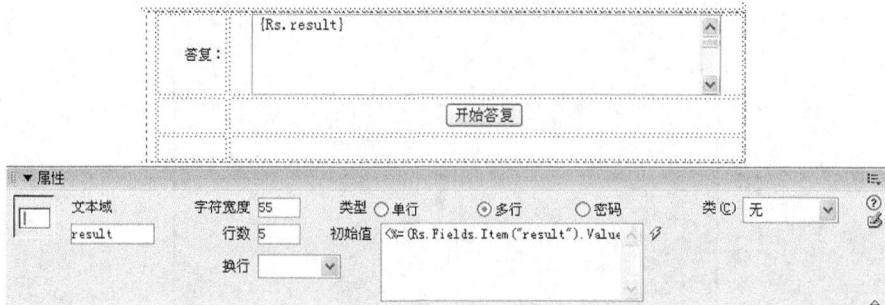

图13-40　将文本区域绑定到动态源

下面插入【更新记录】服务器行为。

(12) 在【服务器行为】面板中单击⊞按钮，在弹出的菜单中选择【更新记录】命令，弹出【更新记录】对话框，并进行参数设置，如图 13-41 所示。

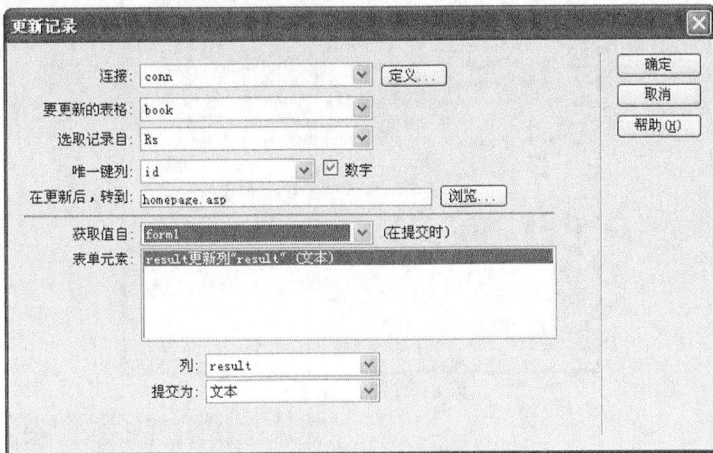

图13-41 【更新记录】对话框

(13) 单击 [确定] 按钮插入【更新记录】服务器行为，并保存文档。

案例小结

传递参数有 URL 参数和表单参数两种，即平时所用到的两种类型的变量 QueryString 和 Form。QueryString 主要用来检索附加到发送页面 URL 的信息。查询字符串由一个或多个"名称/值"组成，这些"名称/值"使用一个问号（？）附加到 URL 后面。如果查询字符串中包括多个"名称/值"时，则用符号（&）将它们合并在一起。可以使用"Request.QueryString("id")"来获取 URL 中传递的变量值，如果传递的 URL 参数中只包含简单的数字，也可以将 QueryString 省略，只采用 Request ("id")的形式。Form 主要用来检索表单信息，该信息包含在使用 POST 方法的 HTML 表单所发送的 HTTP 请求正文中。可以采用"Request.Form("id")"语句来获取表单域中的值。

13.4.3 删除记录

已经添加到数据表中的记录有时需要删除，删除记录可以使用【删除记录】服务器行为进行，该命令是通过记录集和表单共同完成的。

【例13-10】 删除记录。

操作步骤

在文档"homepage.asp"中浏览荐购图书记录，然后单击其后面的"删除"超级链接打开文档"delete.asp"进行删除。

(1) 打开网页文档"homepage.asp"，选中文本"删除"，然后在【属性】面板中单击【链接】后面的▭按钮，打开【选择文件】对话框，在文件列表中选择文件"delete.asp"，如图 13-42 所示。

(2) 在【选择文件】对话框中单击【URL:】文本框后面的 [参数...] 按钮，打开【参数】对话框，在【名称】文本框中输入"id"，单击【值】文本框右侧的▨按钮打开【动态数据】对话框，选择【记录集（RsBook）】/【id】，如图 13-43 所示。

图13-42 【选择文件】对话框

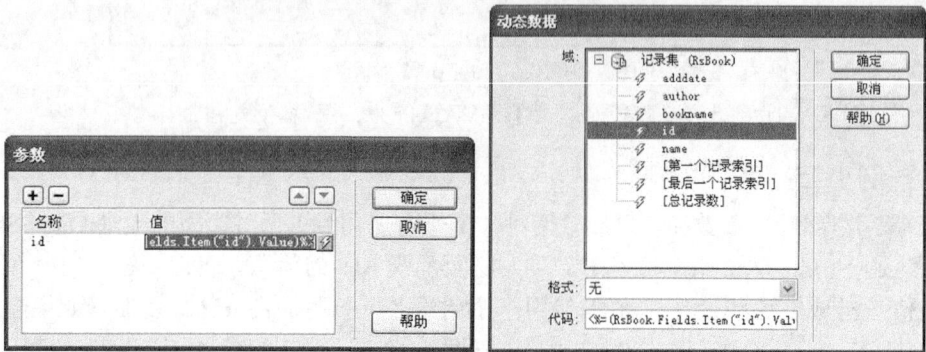

图13-43 设置传递参数

(3) 依次单击 确定 按钮关闭对话框，然后保存文档。

(4) 打开网页文档 "delete.asp"，如图 13-44 所示。

真的要删除该记录吗？

删 除

图13-44 打开网页文档

(5) 根据传递的 URL 参数 "id" 创建记录集 "Rs"，如图 13-45 所示。

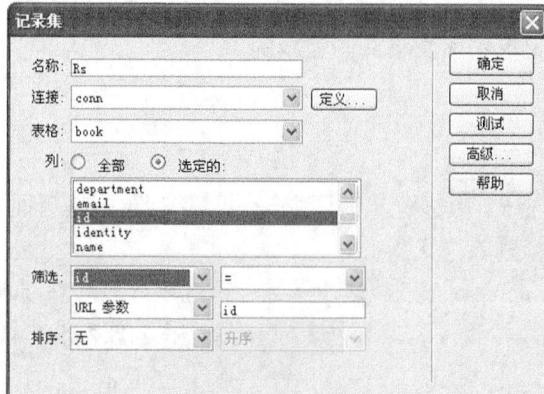

图13-45 创建记录集 "Rs"

(6) 在【服务器行为】面板中单击 ➕ 按钮，在弹出的菜单中选择【删除记录】命令，打开【删除记录】对话框，并进行参数设置，如图 13-46 所示。

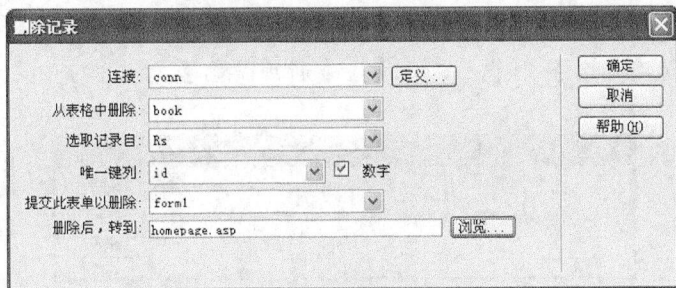

图13-46 【删除记录】对话框

(7) 单击 ____确定____ 按钮添加【删除记录】服务器行为,并保存文档。

13.5 用户身份验证

在一些带有数据库的网站,后台管理页面是不允许普通用户访问的,只有管理员经过登录后才能访问,访问完毕后通常注销退出。在注册管理员用户时,用户名是不允许重复的。下面将介绍与此相关的内容。

13.5.1 检查新用户名

在使用网络服务时经常需要进行用户注册。用户注册的实质就是向数据库中添加用户名、密码等信息,可以使用【插入记录】服务器行为来完成用户信息的添加。但有一点需要注意,就是用户名不能重复,也就是说数据表中的用户名必须是唯一的。那么,如何做到这一点呢?下面进行简要介绍。

【例13-11】 检查新用户。

操作步骤

(1) 打开网页文档 "newuser.asp",如图 13-47 所示。
(2) 在【服务器行为】面板中单击田按钮,在弹出的菜单中选择【插入记录】命令,打开【插入记录】对话框并进行参数设置,如图 13-48 所示。

图13-47 打开网页文档

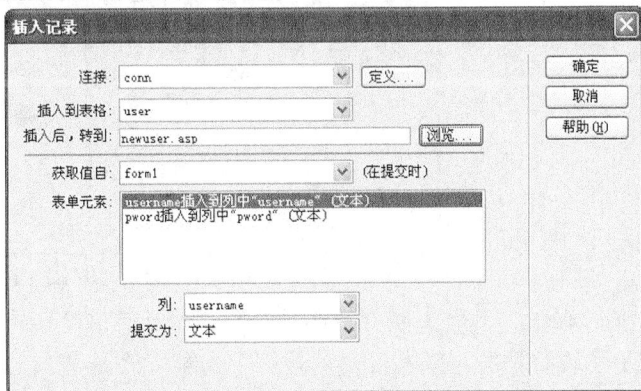

图13-48 【插入记录】对话框

(3) 单击 确定 按钮关闭对话框，然后选择【插入】/【应用程序对象】/【用户身份验证】/【检查新用户名】命令，打开【检查新用户名】对话框并进行参数设置，如图 13-49 所示。

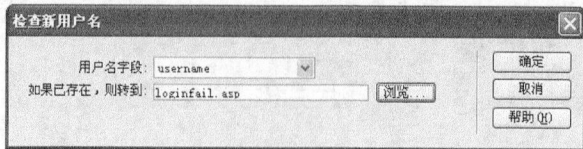

图13-49 【检查新用户名】对话框

(4) 保存文档。

13.5.2 限制对页的访问

可以使用【限制对页的访问】服务器行为来限制页面的访问权限，下面介绍设置方法。

【例13-12】 限制对页的访问。

操作步骤

(1) 打开网页文档"homepage.asp"，然后选择【插入】/【应用程序对象】/【用户身份验证】/【限制对页的访问】命令，打开【限制对页的访问】对话框。

(2) 在【基于以下内容进行限制】选项组中选择【用户名、密码和访问级别】选项，然后单击【选取级别】列表框后面的 定义... 按钮，打开【定义访问级别】对话框，根据表"group"添加访问级别，如图 13-50 所示。

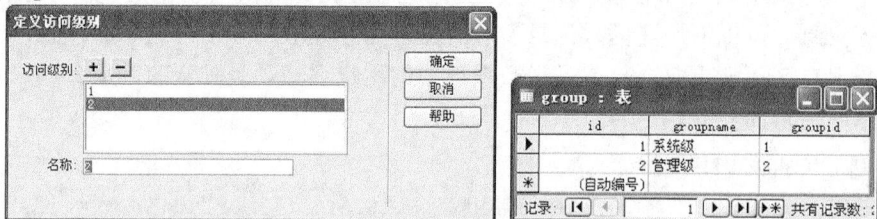

图13-50 添加访问级别

(3) 在【选取级别】列表框中同时选取"1"和"2"，在【如果访问被拒绝，则转到】文本框中输入"loginfail.asp"，如图 13-51 所示。

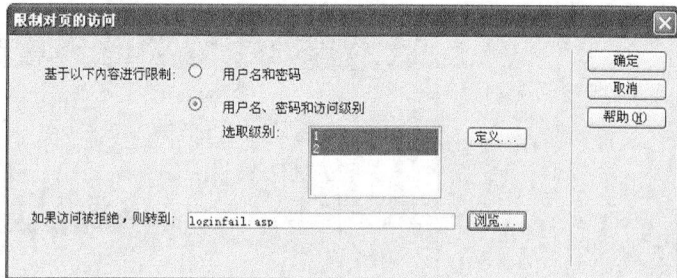

图13-51 【限制对页的访问】对话框

(4) 单击 确定 按钮关闭对话框，然后运用同样的方法对"delete.asp"、"reply.asp"网页文档添加"限制对页的访问"功能，允许级别为"1"和"2"的管理员访问，接着对"newuser.asp"网页文档添加"限制对页的访问"功能，只允许级别为"1"的管理员访问。

13.5.3 用户登录

后台管理页面添加了【限制对页的访问】功能，这就要求给管理人员提供登录入口以便能够进入，同时提供注销功能以便安全退出。下面介绍用户登录的基本方法。

【例13-13】 用户登录。

操作步骤

(1) 打开网页文档"login.asp"，如图 13-52 所示。

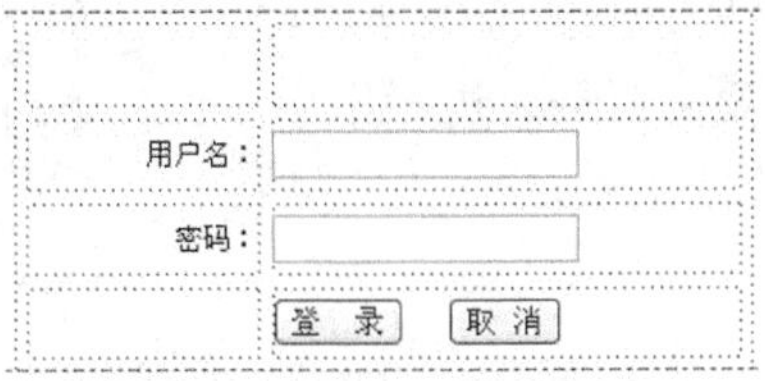

图13-52　打开网页文档

(2) 选择【插入】/【应用程序对象】/【用户身份验证】/【登录用户】命令，打开【登录用户】对话框。

(3) 将登录表单"form1"中表单域与数据表"user"中的字段相对应，也就是说将【用户名字段】与【用户名列】对应，【密码字段】与【密码列】对应，然后将【如果登录成功，转到】设置为"homepage.asp"，并勾选【转到前一个 URL（如果它存在）】复选框，将【如果登录失败，转到】设置为"loginfail.asp"，如图 13-53 所示。

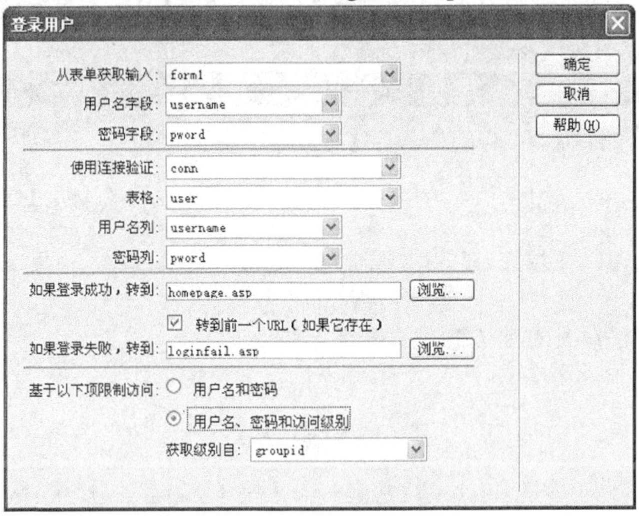

图13-53　【登录用户】对话框

要点提示

　　如果勾选了【转到前一个 URL（如果它存在）】选项，那么无论从哪一个页面转到登录页，只要登录成功，就会自动回到那个页面。

(4) 单击 确定 按钮关闭对话框，并保存文件。

(5) 打开网页文档"loginfail.asp"，输入文本"用户名或密码错误，请返回【登录页】重新登录!"，并将文本"【登录页】"的链接对象设置为"login.asp"，如图 13-54 所示。

用户名或密码错误，请返回【登录页】重新登录！

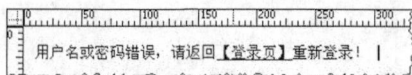

图13-54 设置网页文档"loginfail.asp"

13.5.4 用户注销

用户登录成功以后，如果要离开最好进行用户注销。下面介绍用户注销的基本方法。

【例13-14】 用户注销。

操作步骤

(1) 打开网页文档"homepage.asp"，选中文本"注销退出系统"，如图 13-55 所示。

> 开始荐购图书
> 查询荐购结果
> 注册新用户
> 注销退出系统
> 返回到主页面

图13-55 选中文本"注销退出系统"

(2) 选择【插入】/【应用程序对象】/【用户身份验证】/【注销用户】命令，打开【注销用户】对话框，参数设置如图 13-56 所示。

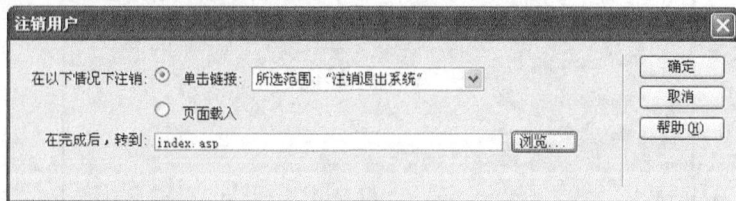

图13-56 【注销用户】对话框

(3) 单击 确定 按钮关闭对话框，并保存文件。

习题

1. 使用本章的素材对网页文档"listuser.asp"进行设置，使其能够显示数据库"bookdb.mdb"中表"user"的所有记录；对网页文档"listgroup.asp"进行设置，使其能够显示数据库"bookdb.mdb"中表"group"的所有记录。

2. 根据本章所学习知识自行设计制作动态网页。

第14章 测试和发布站点

站点网页制作完成后首先需要进行本地测试以检查有无错误，然后才可以上传到 Web 服务器，日后也要根据需要进行站点的日常更新和维护。本章将介绍测试和发布站点的相关内容。

学习目标

- 掌握测试站点的方法。
- 掌握配置 IIS 服务器的方法。
- 掌握设置远程站点信息的方法。
- 掌握发布站点文件的方法。
- 掌握站点同步的基本方法。

14.1 测试站点

下面简要介绍测试站点的方法，如检查链接、修改链接、清理文档等。

14.1.1 检查链接

发布网页前需要对网站中的所有超级链接进行检查和测试，Dreamweaver 8 提供了对链接统一进行检查的功能。

【例14-1】检查链接。

操作步骤

(1) 选择【窗口】/【结果】命令，在【结果】面板中切换到【链接检查器】选项卡，如图 14-1 所示。

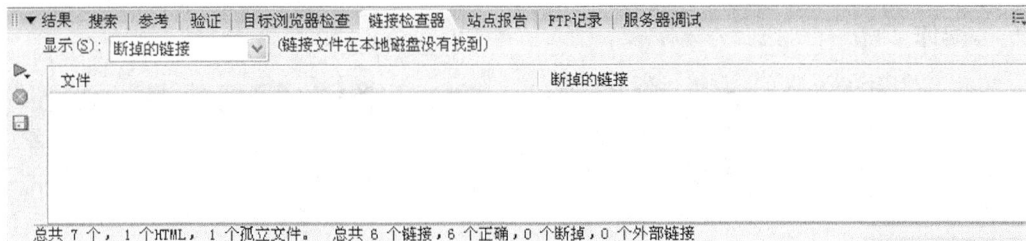

图14-1 【链接检查器】选项卡

(2) 在【显示】选项的下拉列表中选择检查链接的类型。

(3) 单击 ▶ 按钮，在弹出的下拉菜单中选择【为整个站点检查链接】选项，Dreamweaver 将自动开始检测站点里的所有链接，结果将显示在【文件】列表中。

> 知识链接
>
> 【显示】选项将链接分为 3 大类：【断掉的链接】、【外部链接】和【孤立文件】。对于断掉的链接，可以在【文件】列表中双击文件名将文件打开，然后对链接进行修改；对于外部链接，只能在网络中测试其是否好用；孤立文件不是错误，不必对其进行修改。将所有检查结果中的有问题链接修改完毕后，再对链接进行检查，直至没有错误为止。

14.1.2 改变链接

如果要更改网站中的链接，此链接又涉及很多文件，而逐个打开文件去修改是不可能的，Dreamweaver 8 提供了专门的修改方法。

【例14-2】改变链接。

操作步骤

(1) 选择【站点】/【改变站点范围的链接】命令，打开【更改整个站点链接】对话框，如图 14-2 所示。

(2) 分别单击 📁 图标，设置【更改所有的链接】和【变成新链接】选项。

(3) 单击 确定 按钮，系统将弹出一个【更新文件】对话框，询问是否更新所有与发生改变的链接有关的页面，如图 14-3 所示。

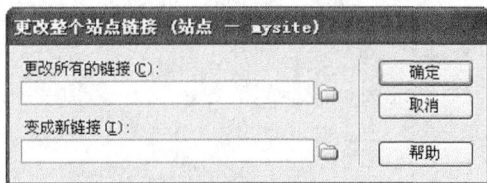

图14-2 【更改整个站点链接】对话框

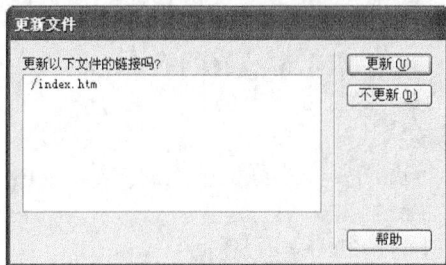

图14-3 【更新文件】对话框

(4) 单击 更新(U) 按钮，完成更新。

14.1.3 清理文档

清理文档就是清理网页中的一些空标签或者在 Word 中编辑 HTML 文档时所产生的一些多余标签。

【例14-3】清理文档。

操作步骤

(1) 首先打开需要清理的文档，然后选择【命令】/【清理 HTML】命令，打开【清理 HTML/XHTML】对话框，如图 14-4 所示。

(2) 在对话框中的【移除】选项组中勾选【空标签区块】和【多余的嵌套标签】复选框，或者在【指定的标签】文本框内输入所要删除的标签（为了避免出错，其他选项一般不做选择）。

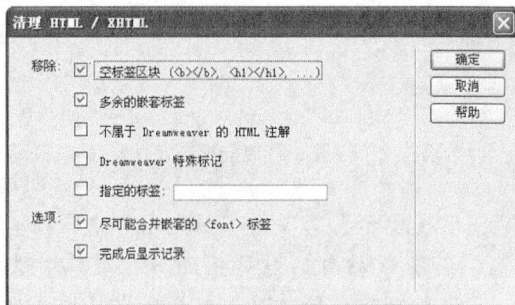

图14-4 【清理 HTML/XHTML】对话框

(3) 将【选项】选项组中的【尽可能合并嵌套的<font>标签】和【完成后显示记录】复选框勾选。

(4) 单击 确定 按钮，将自动开始清理工作。清理完毕后，弹出一个对话框，报告清理工作的结果，如图 14-5 所示。

接着进行下一步的清理工作。

(5) 选择【命令】/【清理 Word 生成的 HTML】命令，打开【清理 Word 生成的 HTML】对话框，并设置【基本】选项卡中的各项属性，如图 14-6 所示。

图14-5 消息框

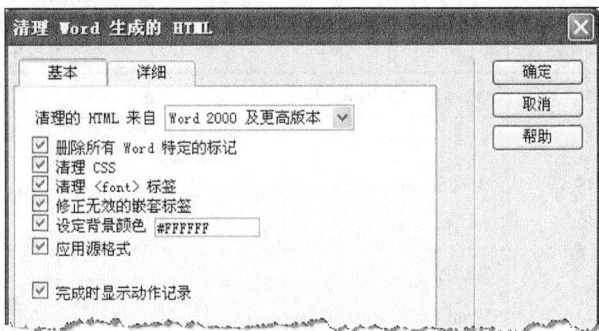

图14-6 【基本】选项卡

(6) 切换到【详细】选项卡，选择需要的选项，如图 14-7 所示。

(7) 单击 确定 按钮开始清理，清理完毕将显示结果消息框，如图 14-8 所示。

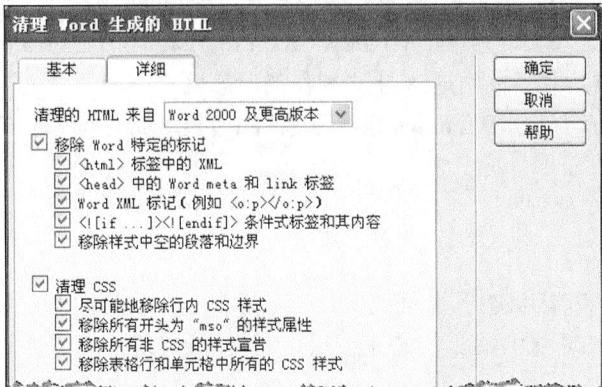

图14-7 【详细】选项卡

图14-8 消息框

14.2 配置 IIS 服务器

如果自己拥有服务器，在站点文件上传前，需要将 IIS 服务器配置好；如果自己没有服务器，使用的是租用的空间，这一步就可以省略了。

IIS（Internet Information Server，互联网信息服务）是由 Microsoft 公司提供的基于运行 Microsoft Windows 的互联网基本服务，其中包括 Web 服务器、FTP 服务器、NNTP 服务器和 SMTP 服务器，分别用于网页浏览、文件传输、新闻服务和邮件发送等方面，它使得在网络（包括互联网和局域网）上发布信息成为一件很容易的事。IIS 各版本适应的 Windows 各版本情况如表 14-1 所示，但在 Windows XP Home 版本上并不包含 IIS。

表 14-1 　　　　　　　　　　　　IIS 各版本适应的 Windows 各版本情况

IIS 版本	Windows 版本	备 注
IIS 1.0	Windows NT 3.51 Service Pack 3s@bk	
IIS 2.0	Windows NT 4.0s@bk	
IIS 3.0	Windows NT 4.0 Service Pack 3	开始支持 ASP 的运行环境
IIS 4.0	Windows NT 4.0 Option Pack	支持 ASP 3.0
IIS 5.0	Windows 2000	在安装相关版本的.NetFrameWork 的 RunTime 之后，可支持 ASP. NET 1.0/1.1/2.0 的运行环境
IIS5.1	Windows XP Professional _SP1，SP2，SP3	
IIS 6.0	Windows Server 2003 Windows Vista Home Premium Windows XP Professional x64 Editions@bk	
IIS 7.0	Windows Vista Windows Server 2008s@bkIIS Windows 7	在系统中已经集成了 .NET 3.5。可以支持 .NET 3.5 及以下的版本

只有将 Web 服务器配置好，网页才能够被用户正常访问。只有配置了 FTP 服务器，网页才可能通过 FTP 方式上传。为了便于介绍，本章以 Windows XP Professional 中的 IIS 为例，介绍配置 Web 服务器、FTP 服务器的方法。不过，Windows XP Professional 中的 IIS 功能是受限的，甚至由于 Dreamweaver 与其兼容性问题，导致制作的动态网页有时不能正常运行，因此，动态网页制作完毕后，最好再使用 Windows Server 系统中的 IIS 进行测试。下面介绍配置 IIS 服务器的基本方法。

14.2.1 配置 Web 服务器

Windows XP Professional 中的 IIS 在默认状态下没有被安装，所以在第 1 次使用时应首先安装 IIS 服务器，包括 Web 服务器和 FTP 服务器。安装完成后还需要配置 IIS 服务，下面介绍在 IIS 中配置 Web 服务器的方法。

【例14-4】配置 Web 服务器。

操作步骤

(1) 在【控制面板】/【管理工具】中双击【Internet 信息服务】选项，打开【Internet 信息服务】窗口，如图 14-9 所示。

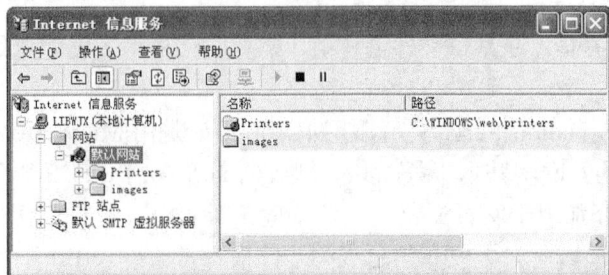

图14-9 【Internet 信息服务】对话框

(2) 选择【默认网站】选项，然后单击鼠标右键，在弹出的快捷菜单中选择【属性】命令，打开【默认网站属性】对话框，切换到【网站】选项卡，在【IP 地址】列表框中输入本机的 IP 地址，如图 14-10 所示。

(3) 切换到【主目录】选项卡，在【本地路径】文本框中输入（或单击 浏览(O)... 按钮来选择）网页所在的目录，如图 14-11 所示。

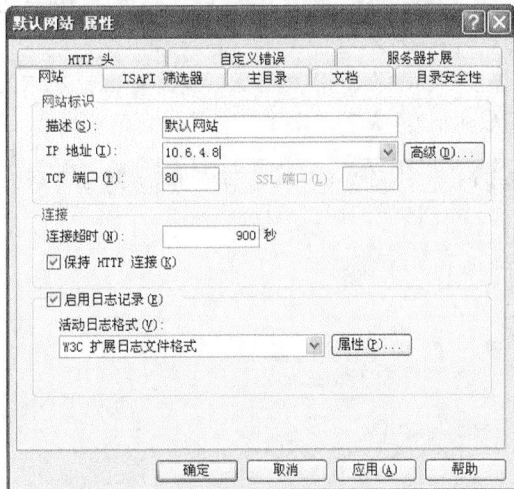

图14-10 设置 IP 地址

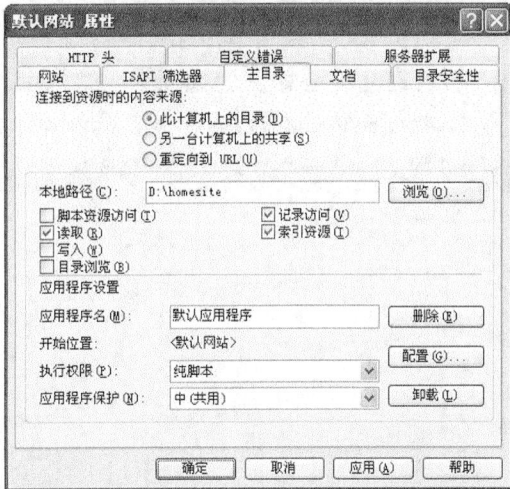

图14-11 设置主目录

> **要点提示** 要保证站点能够运行 ASP 网页，在应用程序设置的【执行权限】下拉列表中不能选择"无"选项，建议选择"纯脚本"选项。

(4) 切换到【文档】选项卡，单击 添加(D)... 按钮打开【添加默认文档】对话框，在【默认文档名】文本框中输入站点的首页文件名，如"index.asp"，然后单击 确定 按钮关闭该对话框，如图 14-12 所示。

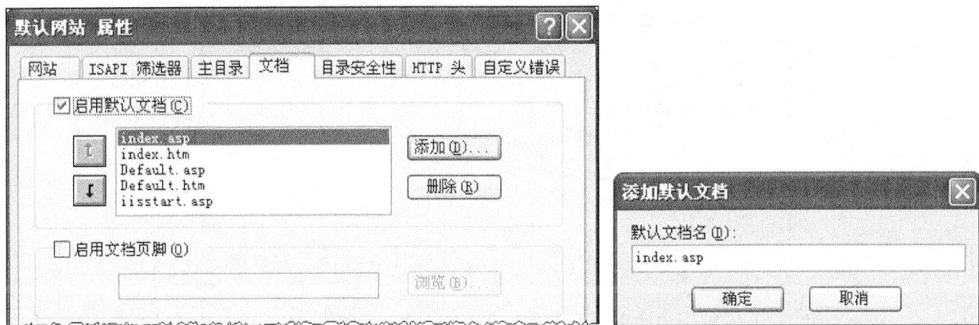

图14-12 设置首页文件

配置完 Web 服务器后，打开 IE 浏览器，在地址栏中输入 IP 地址后按 Enter 键，这样就可以打开网站的首页了（前提条件是在这个目录下已经放置了包括主页在内的网页文件）。

14.2.2 配置 FTP 服务器

要想能够通过 FTP 方式上传站点文件，还必须在 IIS 中配置好 FTP 服务器。下面介绍配置 FTP 服务器的方法。

【例14-5】配置 FTP 服务器。

操作步骤

(1) 在【Internet 信息服务】对话框中选择【默认 FTP 站点】选项，然后单击鼠标右键，在弹出的快捷菜单中选择【属性】命令，打开【默认 FTP 站点属性】对话框，切换到【FTP 站点】选项卡，在【IP 地址】列表框中输入 IP 地址，如图 14-13 所示。

(2) 切换到【安全账户】选项卡，在【操作员】列表中添加用户账户（在 Windows XP Professional 版本的 IIS 中如不能添加保持默认即可），如图 14-14 所示。

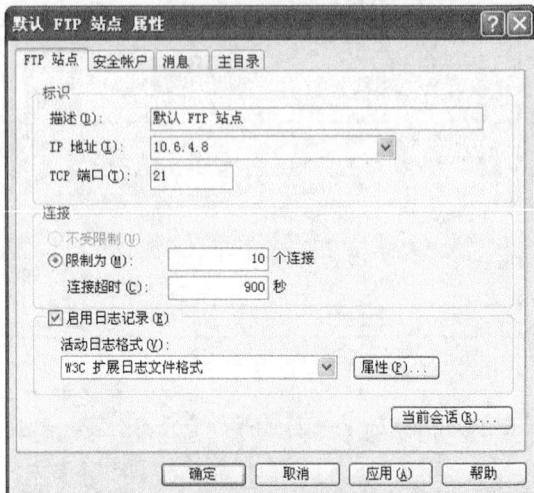

图14-13 【FTP 站点】选项卡

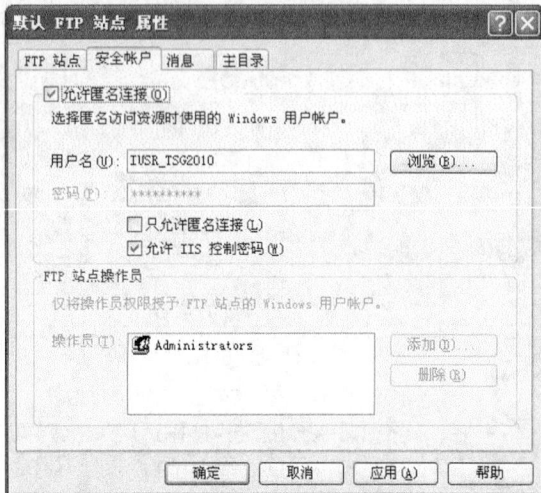

图14-14 【安全账户】选项卡

(3) 切换到【主目录】选项卡，在【本地路径】文本框中输入 FTP 目录，然后勾选【读取】、【写入】和【记录访问】复选框，如图 14-15 所示。

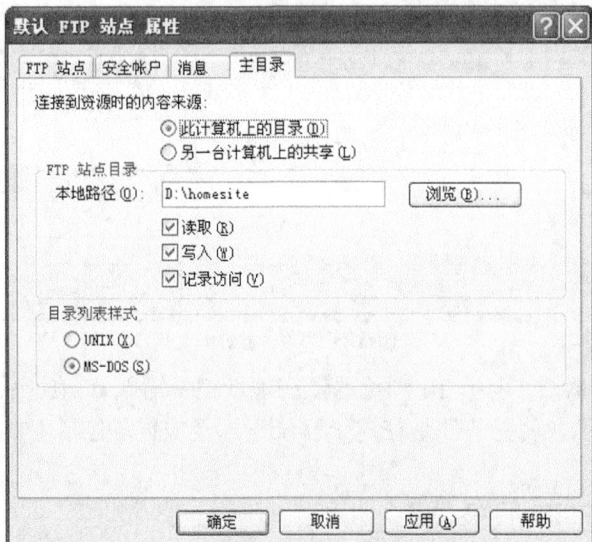

图14-15 【主目录】选项卡中的设置

(4) 单击 确定 按钮完成配置。

14.3 发布站点

站点测试完毕，IIS 服务器也配置好了，接下来就可以上传站点文件，即发布站点了。下面介绍通过 Dreamweaver 8 站点管理器发布站点的方法。

14.3.1 设置远程站点信息

使用 Dreamweaver 发布站点前，必须设置站点的远程服务器信息。下面介绍设置远程服务器信息的方法。

【例14-6】设置远程服务器信息。

操作步骤

(1) 选择【站点】/【管理站点】命令，打开【管理站点】对话框，如图 14-16 所示。

(2) 在站点列表中选择站点，然后单击 编辑(E)... 按钮打开站点定义对话框。

(3) 在【高级】选项卡中选择【远程信息】分类，然后在右侧进行参数设置，如图 14-17 所示。

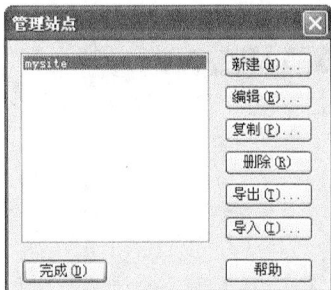

图14-16 【管理站点】对话框

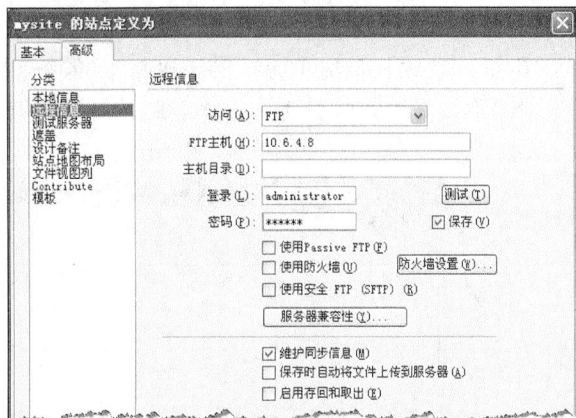

图14-17 设置 FTP 服务器的各项参数

FTP 服务器的有关参数说明如下。

- 【FTP 主机】：用于设置 FTP 主机地址。
- 【主机目录】：用于设置 FTP 主机上的站点目录，如果为根目录则不用设置。
- 【登录】：用于设置用户登录名，即可以操作 FTP 主机目录的操作员账户。
- 【密码】：用于设置可以操作 FTP 主机目录的操作员账户的密码。
- 【保存】：用于设置是否保存设置。

(4) 单击 测试(T) 按钮，如果出现如图 14-18 所示的对话框，说明已连接成功。

图14-18 成功连接消息提示框

(5) 单击 确定 按钮完成设置。

14.3.2 发布站点文件

远程服务器信息设置好后，就可以发布站点文件了。下面介绍在 Dreamweaver 8 中发布
站点文件的方法。

【例14-7】发布站点文件。

🔧 操作步骤

(1) 在【文件】面板中单击 ▣（展开/折叠）按钮展开站点管理器，在【显示】下拉列表中
选择要发布的站点"mysite"，然后单击 ▤（站点文件）按钮，切换到远程站点状态，
如图 14-19 所示。

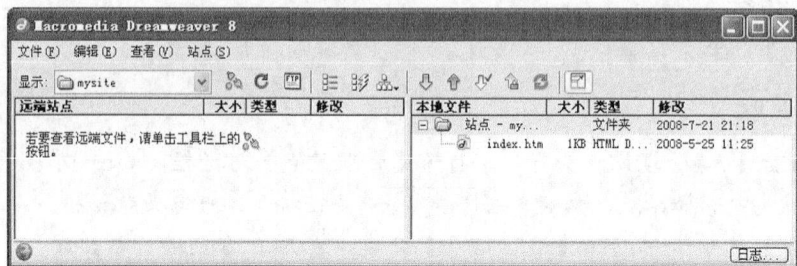

图14-19 站点管理器

(2) 单击工具栏上的 🔌（连接到远端主机）按钮，将会开始连接远端主机，即登录 FTP 服
务器。经过一段时间后，🔌 按钮上的指示灯变为绿色，表示登录成功了，并且变为
🔌 按钮（再次单击该按钮就会断开与 FTP 服务器的连接）。由于是第 1 次上传文件，
远程文件列表中是空的，如图 14-20 所示。

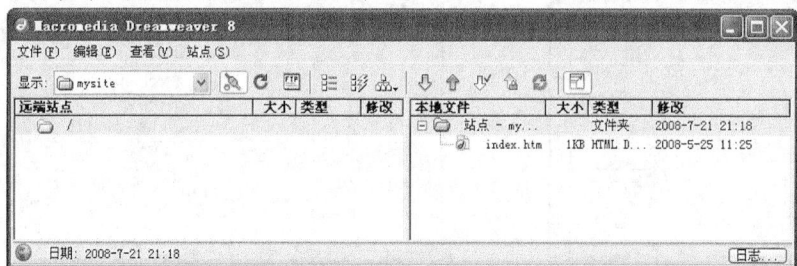

图14-20 连接到远端主机

(3) 在【本地文件】列表中选择站点根目录"mysite"，然后单击工具栏中的 ⬆（上传文
件）按钮，会出现一个【您确定要上传整个站点吗？】对话框，单击 确定 按钮将
所有文件上传到远端服务器，如图 14-21 所示。

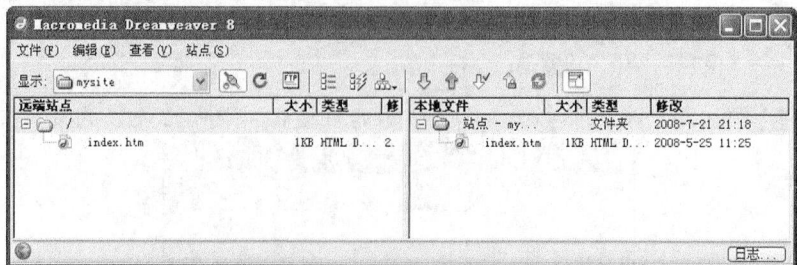

图14-21 上传文件到远端服务器

(4) 在上传完所有文件后，单击 🔌 按钮，断开与服务器的连接。

案例小结

上面介绍的 IIS 中 Web 服务器、FTP 服务器的配置以及站点的发布都是基于 Windows XP Professional 操作系统的，掌握了这些内容，也就基本上掌握了在服务器操作系统中配置 IIS 的基本方法以及在本地上传文件的方法。另外，也可以使用专门的 FTP 客户端软件上传网页，速度更快，更方便。

14.4 保持同步

Dreamweaver 可以在本地和远程站点之间同步文件，Dreamweaver 会根据需要在两个方向上复制文件，并在合理的情况下删除不需要的文件，这在站点维护中具有重要的意义。

【例14-8】保持同步。

操作步骤

(1) 与 FTP 主机连接成功后，选择【站点】/【同步站点范围】命令打开【同步文件】对话框，如图 14-22 所示。

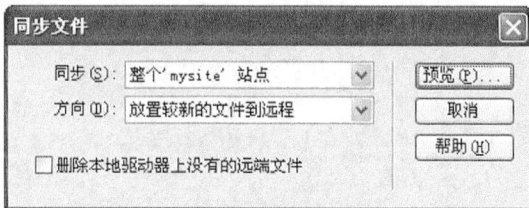

图14-22 【同步文件】对话框

(2) 在【同步】下拉列表中选择【整个'mysite'站点】选项，在【方向】下拉列表中选择【放置较新的文件到远程】选项，单击 预览(P)... 按钮，开始在本地计算机与服务器端的文件之间进行比较，比较结束后，如果发现文件不完全一样，将在列表中罗列出需要上传的文件名称，如图 14-23 所示。

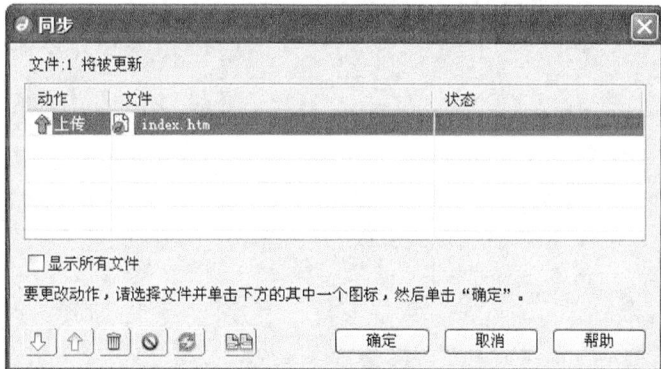

图14-23 比较结果显示在列表中

(3) 单击 确定 按钮，系统便自动更新远端服务器中的文件。

(4) 如果文件没有改变，全部相同，将弹出如图 14-24 所示的对话框。

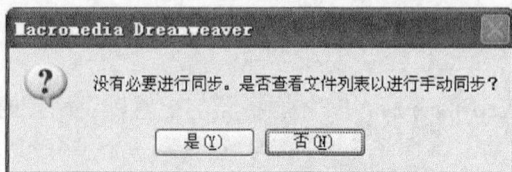

图14-24　【Macromedia Dreamweaver】对话框

案例小结

这项功能可以有选择性地进行，在以后维护网站时用来上传修改过的网页将非常方便。运用同步功能，可以将本地计算机中较新的文件全部上传至远端服务器上，起到事半功倍的效果。

习题

1.　在 Windows XP Professional 中配置 IIS 服务器。
2.　在 Dreamweaver 8 中配置好 FTP 的相关参数，然后进行网页发布。